"十一五"国家重点图书
中国气象局科普项目资助
农村气象防灾减灾科普系列丛书

小麦减灾丰产与气象

郝东敏　郝云理　叶修祺　编著

图书在版编目(CIP)数据

小麦减灾丰产与气象/郝东敏,郝云理,叶修祺编著.
—北京:气象出版社,2010.11
(农村气象防灾减灾科普系列丛书)
"十一五"国家重点图书　中国气象局科普项目资助
ISBN 978-7-5029-5070-5

Ⅰ.①小… Ⅱ.①郝…②郝…③叶… Ⅲ.①小麦-自然灾害-防治-问答②气象-关系-小麦-栽培-问答　Ⅳ.①S42-44②S512.1-44

中国版本图书馆 CIP 数据核字(2010)第 205458 号

小麦减灾丰产与气象
Xiaomai Jianzai Fengchan yu Qixiang

出版发行:	气象出版社
地　　址:	北京市海淀区中关村南大街 46 号
邮政编码:	100081
网　　址:	http://www.cmp.cma.gov.cn
E-mail:	qxcbs@cma.gov.cn
电　　话:	总编室 010—68407112,发行部 010—68409198
策划编辑:	崔晓军　王元庆
责任编辑:	何晓欢
终　　审:	章澄昌
封面设计:	博雅思企划
责任技编:	吴庭芳
责任校对:	赵　瑷
印刷者:	北京奥鑫印刷厂
开　　本:	787 mm×1 092 mm　1/32
印　　张:	2.75
字　　数:	62 千字
版　　次:	2010 年 12 月第 1 版
印　　次:	2010 年 12 月第 1 次印刷
印　　数:	1~5 000
定　　价:	9.00 元

本书如存在文字不清、漏印以及缺页、倒页、脱页等,请与本社发行部联系调换

《农村气象防灾减灾科普系列丛书》
编委会

主 编：沈晓农

副主编：李 慧 王春乙 刘燕辉

编 委（以姓氏笔画为序）：

　　　王元庆 王存忠 刘文泉

　　　成秀虎 吴建忠 张 斌

　　　陈 烨 林方曜 崔晓军

序

我国是世界上气象灾害最严重的国家之一。据统计,每年因各种气象灾害造成的农作物受灾面积达5 000多万公顷,经济损失超过2 000亿元。随着全球气候持续变暖,我国农业生产面临着更大的自然风险。

农业、农村、农民问题关系党和国家事业发展全局。党中央、国务院历来高度重视气象为"三农"服务工作。2008年中央一号文件明确要求,要充分发挥气象为农业生产服务的职能和作用,加强农业防灾减灾体系的建设和农业应对气候变化的能力建设。胡锦涛总书记在2008年6月的"两院"院士大会上强调,要将灾害预防等科技知识纳入国民教育,纳入文化、科技、卫生"三下乡"活动,纳入全社会科普活动,提高全民防灾意识、知识水平和避险自救能力。党的十七届三中全会又进一步强调要加强农村防灾减灾能力建设,并明确提出,要加强灾害性天气监测预警,宣传普及防灾减灾知识,提高灾害处置能力和农民避灾自救能力,开发气象预报预测和灾害预警技术,开发利用风能和太阳能,加强农业公共服务能力建设等。

多年来,气象部门始终坚持把为农业服务作为气象工作的重要任务,努力为农村防灾减灾、粮食增产、农民增收、农业增效等方面提供气象保障服务,并动员全部门力量,积极联合各部门组织开展面向农村和农民的气象科普活动,取得了初步成效。2008年11月,《中国气象局关于贯彻落实〈中共中央关于推进农村改革发展若干重大问题的决定〉的指导意见》明确提出了在农村开展宣传普及气象科技和气象灾害防御知识的任务，要求"建设农村气象科普教育基地，促进农村气象科技和气象灾害防御知识的宣传普及，提高农村气象科普宣传的力度、广度和深度，积极推动农村气象防灾减灾知识和技能的宣传教育下乡、进村、入户，提高农民气象灾害防御意识和避灾自救能力"。中国气象学会和气象出版社组织气象科普专家编写的《农村气象防灾减灾科普系列丛书》，针对我国现代农业、农村、农民的特点，从气象与农村生产、生活的关系及影响出发，面向农民群众普及各类气象灾害常识和防御要点，针对性强、通俗易懂。该丛书将通过"农家书屋"工程等渠道向全国发放。

面对农业生产和农村改革发展的新形势和新要求，气象部门一定要进一步增强农村气象防灾减灾和农业应对气候变化的能力，大力加强农村公共气象服务体系建设，充分发挥气象为农村改革发展服务的作用，大力推动面向农村和农民的气象科普活动，努力增强广大农民群众的气象防灾减灾、应对气候变化的科学意识和素质，为推动农村改革发展作出新的更大的贡献。

中国气象局局长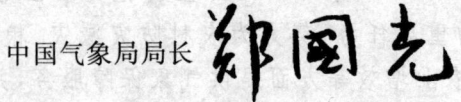

2008年11月于北京

目 录

1. 什么是气象和农业气象条件 …………………………… (1)
2. 要想获得小麦高产、稳产、优质为何必须掌握
   农业气象条件 ……………………………………………… (1)
3. 气温对小麦生长发育有何重要影响 …………………… (1)
4. 降水对小麦生长发育有何重要影响 …………………… (2)
5. 光照对小麦高产、优质有何重要影响 ………………… (3)
6. 大气中二氧化碳增加、气候变暖会对小麦生产造成
   何种影响 …………………………………………………… (4)
7. 北部冬麦区的区域范围、农业气候特点和适宜选用的
   小麦良种是什么 …………………………………………… (5)
8. 黄淮冬麦区的区域范围、农业气候特点和适宜选用的
   小麦良种是什么 …………………………………………… (6)
9. 长江中下游冬麦区的区域范围、农业气候特点和适宜
   选用的小麦良种是什么 …………………………………… (6)
10. 西南冬麦区的区域范围、农业气候特点和
    适宜选用的小麦良种是什么 …………………………… (7)
11. 华南冬麦区的区域范围、农业气候特点和适宜选用的
    小麦良种是什么 ………………………………………… (7)
12. 东北、北部春麦区的区域范围、农业气候特点和适宜
    选用的小麦良种是什么 ………………………………… (8)
13. 西北春麦区的区域范围、农业气候特点和适宜选用的
    小麦良种是什么 ………………………………………… (8)

14. 南疆冬、春麦兼种区的区域范围,农业气候特点和适宜选用的小麦良种是什么 …………………………… (8)
15. 青藏冬、春麦兼种区的区域范围,农业气候特点和适宜选用的小麦良种是什么 …………………………… (9)
16. 如何确定小麦适宜播种期 ………………………………… (9)
17. 目前我国有哪些好的小麦种植方式和配套技术 … (10)
18. 平作、精播、超高产小麦种植方式及技术要点是什么 ………………………………………………… (10)
19. 高低垄小麦高产种植方式有何优点 ………………… (12)
20. 麦、棉等套作高产种植方式的特点和技术要点是什么 ………………………………………………… (13)
21. 麦、草、粮、菜四种四收间套高效种植方式的技术要点是什么 …………………………………………… (16)
22. 沟播小麦高产种植方式的农业气象效应和技术要点是什么 ………………………………………………… (17)
23. 地膜覆盖小麦埂播高产种植方式的技术要点是什么 ………………………………………………… (18)
24. 独秆小麦高产种植方式需要的农业气象条件和技术要点是什么 ………………………………………… (18)
25. 晚茬麦高产种植方式需要的农业气象条件和技术要点是什么 …………………………………………… (20)
26. 稻茬麦高产种植方式需要的农业气象条件和技术要点是什么 …………………………………………… (22)
27. 稻田套播小麦高产种植方式的优点及技术要点是什么 ………………………………………………… (23)
28. 小麦播种前如何调理好土壤从而创造适宜的土壤小气候环境 ………………………………… (25)

29. 小麦播种适宜的土壤湿度(含水量)是多少 ………(26)
30. 小麦播种时土壤湿度过高或过低的标准是什么
   ……………………………………………………(27)
31. 小麦播种适宜和不适宜的温度指标是多少 ………(27)
32. 如何根据适宜播种期预报和其他影响条件确定
   最佳播种日 …………………………………………(28)
33. 小麦播种如何选定适宜的播种深度 ………………(29)
34. 小麦抗旱播种的有效技术措施有哪些 ……………(30)
35. 遇到连阴雨和渍涝灾害时小麦可采取哪些播种
   技术措施 ……………………………………………(31)
36. 小麦根系有何作用,保证根系正常生长发育的
   农业气象条件是什么 ………………………………(31)
37. 小麦叶片有何作用,保证叶片正常生长发育的
   农业气象条件是什么 ………………………………(32)
38. 影响冬前小麦分蘖的主要农业气象因素是什么,
   如何调控这些影响因素 ……………………………(33)
39. 培育小麦壮苗、壮蘖的技术措施有哪些 …………(35)
40. 如何掌握小麦冬前适宜的灌水量和灌水时间 ……(36)
41. 小麦冬前苗期主要农业气象灾害有哪些 …………(36)
42. 小麦冬前苗期低温霜冻害(初霜冻害)发生的时间、
   特征及类型各是什么 ………………………………(36)
43. 减轻小麦初霜冻害的技术措施有哪些 ……………(38)
44. 小麦冬前苗期干旱是怎样发生的,现有哪些
   防旱抗旱技术措施 …………………………………(41)
45. 小麦冬前苗期容易发生哪些病虫害,应如何防治
   ……………………………………………………(42)
46. 如何防治小麦冬前出现过旺苗(或称旺苗) ………(44)

47. 小麦越冬阶段主要有哪些农业气象灾害 …………… (45)
48. 小麦越冬阶段应采取哪些农业气象技术措施 …… (46)
49. 小麦返青至拔节阶段的主要农业气象灾害有哪些
   ……………………………………………………… (47)
50. 小麦返青至拔节阶段主要应采取哪些农业气象
   技术措施 ……………………………………………… (47)
51. 小麦拔节至抽穗阶段有利和不利的农业气象条件
   是什么 ………………………………………………… (48)
52. 小麦拔节至抽穗阶段的主要病虫灾害有哪些 …… (49)
53. 小麦拔节至抽穗阶段应采取哪些农业气象
   技术措施 ……………………………………………… (50)
54. 小麦拔节后终霜冻灾害的发生和危害情况如何
   ……………………………………………………… (52)
55. 防御小麦终霜冻害的有效技术措施包括哪些 …… (53)
56. 小麦抽穗至黄熟阶段有利和不利的农业气象
   条件是什么 …………………………………………… (54)
57. 小麦抽穗至黄熟阶段干旱灾害的发生及危害
   情况如何 ……………………………………………… (55)
58. 小麦后期病虫害的发生和危害情况如何，
   怎样防治 ……………………………………………… (55)
59. 小麦后期干热风灾害的发生和危害情况如何 …… (57)
60. 有效防御小麦干热风的技术措施有哪些 ………… (59)
61. 小麦高温逼熟灾害发生的农业气象条件及
   危害情况如何 ………………………………………… (60)
62. 小麦湿（渍）涝灾害发生在哪些地区，影响灾情的
   主要因素有哪些 ……………………………………… (61)

63. 有效防治小麦湿(渍)涝灾害的技术措施有哪些
 ………………………………………………………（62）
64. 小麦生育后期防旱抗旱技术措施有哪些 …………（63）
65. 如何确定小麦的成熟期和适宜收获期 ……………（63）
66. 小麦清选和入库的标准是什么 ……………………（65）
67. 小麦子粒干燥的技术方法有哪些 …………………（66）
68. 小麦仓储的小气候条件和技术方法是什么 ………（67）
参考文献 …………………………………………………（71）
附录 ………………………………………………………（72）

1. 什么是气象和农业气象条件

气象是指地球大气中发生的光、温、水、气、风、雨、雷、闪、云、霜、雹、雾，阴、晴、冷、暖等各种大气现象。

农业气象条件是指与农业密切相关的气象条件。如影响农作物、果树、蔬菜等生长发育和产量、品质的光照、温度、湿度、降水、空气等气候资源条件，以及旱、涝、连阴雨、高温、霜冻、大风、台风、干热风、冰雹等农业气象灾害条件。

2. 要想获得小麦高产、稳产、优质为何必须掌握农业气象条件

有利的农业气象条件是实现小麦高产、稳产、优质的前提，小麦的生长发育和产量、品质的形成离不开光、温、水、气等农业气候资源条件。有利的农业气象条件既是小麦产量、品质构成的基本元素和物质基础，又是必要的保证条件。而不利的农业气象条件，如干旱、渍涝、大风、干热风、低温霜冻、冰雹等则会对农业生产造成重大损失。所以，要想取得小麦的高产、稳产、优质、高效，就必须很好地掌握和利用有利的农业气象条件，防御和克服不利的农业气象条件。

3. 气温对小麦生长发育有何重要影响

小麦喜冷凉气候，其种子萌动后需要经历一定时间的低温环境条件，才能抽穗、开花、结实，否则终生不结实，这一现象称为小麦的春化现象（春化阶段）。同时，小麦生长发育的

各个阶段,也都需要一定的温度和积温条件。热量条件决定了小麦生命周期的长短和产量、品质的高低。

小麦每个生长发育阶段都有适宜、过高、过低三个界限温度指标。温度适宜小麦才能正常生长发育,形成较高的产量和品质;温度过高或过低会使小麦遭受热害或冷害,生长发育不良,降低产量和品质,甚至整个植株死亡而造成绝产。

4. 降水对小麦生长发育有何重要影响

小麦较喜欢干燥冷冻气候,不适应潮湿环境,但是小麦又是需水较多和对水分反应较敏感的作物,小麦需水量的大小随气象条件、土壤水分状况和栽培条件的不同而变化,在生育期土壤水分基本适宜的条件下,小麦全生育期总耗水量每亩[①]约为450~520 mm(相当于300~350 m^3)。从生育阶段耗水情况看,拔节至乳熟期是小麦的高耗水期,耗水量约占全生育期总耗水量的60%~70%。孕穗期是小麦水分敏感期和需水临界期,此期土壤水分供应状况会对小麦产量造成严重影响。

从资料分析得出我国小麦水分供应情况。黄河、海河流域平原地区,冬小麦全生育期降水量约为100~300 mm(相当于67~200 m^3),每亩总缺水量约为300 mm(相当于200 m^3)。拔节至灌浆的4—5月份是需水关键期,每亩需水量约为250 mm,而同期降水量仅为50~60 mm,亩缺水量约200 mm,约占全生育期缺水量的三分之二,水分的供需矛盾十分突出,需灌溉或人工增雨以满足水分需求;西北内陆地

---

① 1亩=1/15 hm^2,下同。

区,小麦全生育期缺水量更多,约为 300~500 mm;淮北及陕西关中平原缺水量约 100~200 mm;长江以北、淮河以南地区小麦水分供求基本一致;长江中下游及江南地区小麦生育期需水量约 250 mm,而降水量超过需水量约 500 mm,经常造成该地区小麦因渍涝灾害,降低小麦产量和品质。

5. 光照对小麦高产、优质有何重要影响

光照包括光照时间和光照强度两个方面。小麦的生长发育过程,就是小麦茎、叶在光的参与和作用下,将二氧化碳和水转化成碳水化合物等营养物质并积累和传输的过程。所以,光照是小麦生长发育的原动力,是小麦进行光合生产的基本元素和必要条件,直接影响小麦产量和品质的形成。我国小麦生育期间的太阳总辐射量为 20.9 亿~29.3 亿 J/m^2,北方麦区多于南方麦区,总体看都能基本满足小麦生长发育需求。

不同小麦生态类型光周期反应不同,反应迟钝型(春性)小麦品种,要求每天日照长度 8~12 小时约 16 天完成光周期反应而抽穗;反应敏感型(冬性)小麦品种,要求每天日照长度 12 小时以上且 30~40 天完成光周期反应而抽穗。我国小麦全生育期日照时数北方多、南方少。黄淮海平原麦区较多,全生育期约 1 300~2 000 小时;西藏、新疆地区最多,在 2 600 小时以上,对干物质积累和产量形成有利;华南地区日照时数偏少,约为 500~600 小时,对小麦干物质积累和运转不利。

光照强度直接影响小麦光合生产,我国小麦生育期间的光照强度是冬前(出苗至越冬)由强变弱,冬后(返青至成熟)由弱到强,有利于小麦光合产物的形成和积累,小麦光合生产

随光照强度的增大而增强,我国北方麦区春季和初夏光照强度较大,更有利于小麦形成高产。

6. 大气中二氧化碳增加、气候变暖会对小麦生产造成何种影响

近年来世界和我国的气候均有明显变化,主要表现在空气中二氧化碳(CO_2)浓度增加、大气温度升高、部分区域气候变暖,这些会对小麦生产造成一定影响。

观测分析得出,大气中 CO_2 浓度已从 1958 年的 315 ppm[①]增至 2005 年的 379 ppm 左右,并以每年 1.5 ppm 的速度增加。随着空气中 CO_2 浓度的不断增加,大气温度不断升高,当 CO_2 浓度达到倍增时(即相当于工业革命前大气中 CO_2 浓度的 2 倍),我国冬季平均气温将升高 3.1~5.7 ℃,夏季升温 1.8~5.1 ℃。华北地区冬季升温可达 4 ℃以上。特别是冬季温度升高对小麦生产影响更大,首先是因积温和持续日数的增加,将使我国小麦种植北界向北推移。一般来说平均温度升高 1 ℃,农业气候带北移 100 km,因此冬小麦种植北界可越过长城沿线,大部地区冬小麦播种期应适当后延,成熟期适当提前。春小麦南界可由秦岭—淮河一线北移到黄河以北。冬季增温可减轻小麦低温危害,尤其对晚播小麦的生长和安全越冬有利。但冬季温度升高,也会有利于小麦病虫害的越冬,且小麦生长后期温度升高易引发干热风危害,这些都对小麦生产不利。

空气中 CO_2 浓度的增加对小麦的光合生产即碳水化合

---

① 表示某成分的体积(或质量)分数为 10^{-6},下同。

物的合成、积累有利。特别是对于 C_3 类植物增产显著。据分析,当大气中 CO_2 浓度倍增时,C_3 类植物光合干物质可增加 10%~50%,增产最多的是棉花,约为 104%,其次是小麦增产约 38%,大麦约 36%,大豆约 17%,水稻约 9%。

随着 CO_2 浓度的倍增、气候的变暖,大气降水也会发生变化。我国低纬度地区的南方麦区降水量将增多、土壤水分增加,遇干旱年份有利于缓解夏秋伏旱,但一般年份和多雨年份将会加重小麦的渍涝灾害,造成小麦严重减产;中高纬度地区降水量将减少,由于增温,作物蒸腾、土壤蒸发将增强,土壤湿度将减少,会加重黄淮海地区小麦的旱情,对小麦增产不利。未来我国中高纬度地区随着温度增高,降水将会减少而光照将会增多,对小麦增产有利,但我国南方麦区将随着降水增多而光照减少,对小麦增产不利。

7. 北部冬麦区的区域范围、农业气候特点和适宜选用的小麦良种是什么

该区包括北京市、天津市、河北省中北部、山西省中南部及陕北、陇东、辽南等部分地区。该区属温带,除沿海地区比较湿润外,多属于大陆性气候,冬季严寒、少雨雪;春季干旱、多风,蒸发量大;夏季高温、多雨;晚秋多干旱、低温。所以干旱和低温冻害是本区小麦生产中的主要农业气象灾害。

根据以上特点,该区应选用冬性、强冬性的高产优质小麦生态品种。目前适宜该区选用的冬性高产优质小麦品种有:烟农 19 号、中优 9507、京冬 12 号、临优 145、新冬 22 号等;强冬性品种有:藏冬 20 号、京冬 1 号、农大 146 等。

这些品种多为强筋或中筋优质小麦品种,亩产400~530 kg。

8. 黄淮冬麦区的区域范围、农业气候特点和适宜选用的小麦良种是什么

该区包括山东省全部、河南省大部、河北省中南部、江苏和安徽两省北部,以及山西、陕西、甘肃三省部分地区。该区地处暖温带,南接北亚热带,气候适宜,光、热、降水资源较丰富,是我国生态气候条件最适宜小麦生长的地区。但该区仍属大陆性季风气候,尤其偏北部地区,春旱、多风,夏秋高温、多雨,晚秋偏旱,春、秋季冷空气活动频繁,仍有霜冻危害。小麦成熟期间有时有干热风危害。冬季寒冷干燥,区内最冷月平均气温-4.6~-0.7 ℃,绝对最低气温-27~-13 ℃,低温年份仍有冷冻害。

该区目前适宜选用的高产(亩产 410~550 kg)优质(强筋或中筋)半冬性小麦品种有:济麦 20、济麦 22、新麦 18、周麦 18、泰山 22、石家庄 8 号、皖麦 52 号、豫麦 70 号、烟农 21、西农 979 等。适宜选用的弱春性较高产、优质(强筋、中筋)的小麦品种包括豫农 949、郑农 16、秦农 142、徐麦 29 号等。

9. 长江中下游冬麦区的区域范围、农业气候特点和适宜选用的小麦良种是什么

该区包括浙江、江西两省和上海市全部,河南、江苏、安徽三省南部,以及湖北、湖南等省部分地区。该区位于北亚热带,全年气候湿润,水、热资源丰富,利于小麦生长发育,年降水量 830~1 870 mm,小麦有时会遭受渍涝灾害。

该区应选用耐阴、耐湿、抗病、对光照反应不太敏感、种子

休眠期长、小麦生育期200天左右的弱春性或半冬性高产、优质(中筋、弱筋)品种,主要有扬麦15、皖麦48号、鄂麦15等,亩产400~530 kg。

10. 西南冬麦区的区域范围、农业气候特点和适宜选用的小麦良种是什么

该区包括贵州省全部,四川、云南两省大部,山西、甘肃南部,以及湖北、湖南西部。该区气候温暖、湿润,最冷月平均气温5~13 ℃,绝对最低气温-1~-6 ℃,基本无冻害,对小麦生长发育有利,但多雨、多雾、少晴天、光照不足,则对小麦高产不利。

该区宜选用对光温反应迟钝、灌浆期长、大穗多粒、耐瘠薄、耐寒、休眠期长、生育期180~200天的半冬性或春性高产、优质(中筋、中强筋)品种,主要有川农19、川麦39、川麦42等,亩产300~400 kg。

11. 华南冬麦区的区域范围、农业气候特点和适宜选用的小麦良种是什么

该区包括福建、广东、台湾、广西四省(区)全部。气候温暖、湿润,最冷月平均气温5~13 ℃,绝对最低气温-1~-6 ℃,基本无冻害,对小麦生长发育有利,但多雨、多雾、少晴天、光照不足的气象条件,则对小麦高产不利。

该区宜选用苗期对低温要求不严、抗寒性和分蘖力较弱、耐旱、抗病、抗风、灌浆期较长、子粒较大、休眠期长、对光照反应迟钝、生育期120~180天的弱冬性和春性品种。

12. 东北、北部春麦区的区域范围、农业气候特点和适宜选用的小麦良种是什么

东北春麦区包括黑龙江、吉林两省全部,辽宁大部,以及内蒙古自治区部分地区。

北部春麦区包括内蒙古自治区大部及河北、山西、陕西三省北部地区。

该区春季气温较低、回暖晚、降水少、光照条件较好,适宜种植中产、优质(强筋、中筋)的春性小麦品种,主要有辽春17号、四春1号、龙辐麦14号等,亩产260~330 kg。

13. 西北春麦区的区域范围、农业气候特点和适宜选用的小麦良种是什么

西北春麦区包括青海省东部、甘肃省大部和宁夏回族自治区。

该区春季回暖晚、降水少、光照长,适宜种植较高产、优质(强筋、中筋)的春麦品种,主要有巴优1号、高原134、宁春33、甘春20号、高原205、永良15号等,亩产400~600 kg。

14. 南疆冬、春麦兼种区的区域范围,农业气候特点和适宜选用的小麦良种是什么

该区冬、春麦兼种区包括新疆维吾尔自治区全部。

该区春季回暖晚、降水少、光照好、夏季温度高,宜选用对

光照反应敏感、耐寒、耐旱、耐瘠薄、耐霜冻的春小麦高产、优质（强筋、中筋）品种，主要有新春 21 号、新春 12 号等，亩产 370～470 kg。

15. 青藏冬、春麦兼种区域范围，农业气候特点和适宜选用的小麦良种是什么

青藏冬、春麦兼种生态种植区包括青海省南部、四川省西北部和西藏自治区全部。

该区的大部地区气温低、积温少、降水少、光照好，应选用耐春寒、灌浆期长、子粒大、早熟、高产、优质（强筋、中筋）的强春性小麦品种，主要有永良 15、高原 205、藏春 667 等，亩产 400～600 kg。而川藏高原地区，冬小麦宜选用耐寒、抗锈、早熟、丰产、优质（强筋）的冬性品种，主要有藏冬 20 号，亩产 400～500 kg；春小麦宜选用抗白杆病、抗锈病、高产、优质（中筋、弱筋）的中晚熟品种；主要有藏春 667 号等，亩产 300～400 kg。

16. 如何确定小麦适宜播种期

根据常年气候资料统计分析，在黄淮海小麦产区，冬性品种适宜播种期多在 9 月中下旬，该地区有"白露早、寒露迟、秋分种麦正当时"的农谚；半（弱）冬性小麦品种适宜播种期多在 10 月上中旬，该地区也有"秋分早、霜降迟、寒露种麦正适宜"的农谚。在淮河流域、长江中下游麦区，小麦的适宜播种期还要晚一些。而北方春麦区，由于多处在高纬度、高海拔地区，春季温度回升慢，一般在日平均气温稳定通过 0 ℃（即连续 5

天的平均温度高于0℃)后再播种。在西北和东北春麦区应分别以3月中旬和4月上旬播种为宜。

但是,小麦适宜播种期是随小麦植物生理、栽培条件、环境、生态、每年气象因子等的不同而变化的,所以每个小麦生产年度的小麦适播期都是不尽相同的。要根据气象、农业气象部门在每年小麦播种前根据上述多个影响因子综合分析判断后发布的小麦适宜播种期预报,及时实施小麦适期播种。

17. 目前我国有哪些好的小麦种植方式和配套技术

当前我国比较好的小麦种植方式和技术有:平作、精播、超高产小麦种植方式和技术,高低垄小麦高产种植方式和技术,麦、棉套作种植方式和技术,小麦、玉米、大豆(花生)一年三种三收套作种植方式和技术,麦、草、春玉米、夏大豆、蔬菜一年四种四收间套种植方式和技术,沟播小麦种植方式和技术,地膜覆盖、穴播小麦种植方式和技术,独秆小麦种植方式和技术,晚茬小麦种植方式和技术,稻茬小麦种植方式和技术,稻田套播小麦种植方式和技术等。

18. 平作、精播、超高产小麦种植方式及技术要点是什么

小麦达到超高产水平的必要条件是具有足够有利的光照、热量、水分、土壤、养分、良种等条件,合理的个体与群体结构,以及科学的栽培管理技术。种植方式有平作、垄作、精播等。主要种植技术特点为"三优、二促、一控、一稳",具体为:

三优:

(1)选用优良品种。标准是:亩产在 600 kg 以上,株高在 80 cm 左右,抗病、抗倒、抗逆性强,产量结构协调(亩成穗 40 万~50 万,穗粒数 33~36 粒,千粒重 40~50 g)。

(2)选用优势蘖组。主要用主茎和 1 级分蘖的一、二、三蘖成穗,亩基本苗 10 万~12 万,单株成穗 4~5 个。

(3)优化群体动态结构。冬前亩总茎数 70 万~80 万,春季亩最高总茎数 90 万~110 万,最高叶面积系数 7~8,开花期有效叶面积率在 90% 以上,收获期的亩群体总干物质重在 1 350 kg 以上,花后干物质累积量占子粒产量的 80% 左右。

二促:

(1)一促冬前壮苗。根据多年多点对超高产麦田土壤养分测定分析,欲获小麦超高产必须培肥地力、获取壮苗。冬前使土壤有机质含量达到 1.2%~1.5%,全氮含量 0.1% 左右,速效氮、磷、钾、锌、硼有效态含量分别达到 90,25,120,2,0.5 mg/kg 左右;保证小麦苗期 0~40 cm 土壤含水量在田间持水量的 75%~80%;保证冬前活动积温达到 580 ℃·d,通过及时灌水、覆盖、中耕、人工增雨、人工增雪等手段增湿、增温、防旱、保墒,避免麦苗遭受初、终霜冻和低温冷害的危害。促成全苗、壮苗和单株 4~5 个壮蘖、成穗蘖。

(2)二促穗大、粒多、粒重。具体是巧用肥、水和光照。基肥和拔节后期各施计划总施氮量的 40%~50%,扬花期施 5%;保证浇好拔节水和开花灌浆水,使土壤含水量保持在田间持水量的 80%;调控保持好的群体结构,提高株间通风透光性能及茎、叶光合面积和光合生产力。

一控:

即控制冬前、冬后麦苗旺长和无效分蘖,控制群体结构,控制病虫害和后期干热风危害。主要是通过严格控制肥、水，喷施缩节胺、助壮素等化学物质，来调节达到合理群体动态结构，促使壮苗、壮蘖、壮秆，防止倒伏。

一稳：

即小麦后期管理以稳为主。施好开花灌浆肥水，一般亩施 2 kg 氮素，或结合叶面喷肥，促粒大粒饱、提高粒重，喷施农药防治病虫害，喷施生物激素、生长调节剂防止叶片早衰、防止后期干热风危害，确保小麦正常成熟、高产优质。

19. 高低垄小麦高产种植方式有何优点

高低垄即将原本为平地的土壤，用机械开沟起垄，把土壤表层变成垄沟相间的波形地。一般垄体宽 40～45 cm，垄高 17～20 cm，沟宽 35～40 cm（上口宽），垄体中线到下一个垄体中线 80～85 cm，在垄上种三行小麦，小麦行距约 15 cm，小麦收获前，沟内可套种玉米。

小麦垄作种植有多种优点：

（1）优化了灌溉方式，由传统平作的大水漫灌（每亩灌水量约需 60 m³）改为垄沟内小水渗灌（每亩灌水量约需 36 m³），水分利用率和水分小麦产出率均提高 40% 左右，而且小水渗灌还能避免土壤板结，增加土壤的通透性，为小麦根系发育和土壤微生物活动创造有利条件。

（2）垄背早春易于吸热增温，有利于麦苗的早发，垄沟冬季可积存积雪，有利于土壤的保温、增湿，有利于小麦的根系发育，促进分蘖发育，有利于形成壮苗，使小麦安全越冬。

（3）该种植方式改进了施肥方法，由传统的地表分散施肥，改为垄沟内集中施肥，相对增加了施肥深度，施肥深度可达15~18 cm,化肥利用率提高10%~15%,提高了施肥效果。

(4)小麦边行效应增强。由于每个垄背只种三行小麦,充分发挥了边行效应,促进了小麦的个体发育,使得小麦早成壮苗、茎秆健壮、抗逆性增强。

(5)该种植方式有利于田间通风透光,改善麦田小气候条件,促进小麦植株光合作用和子粒灌浆,增加穗粒数、穗粒重、千粒重,提高小麦产量、质量。

(6)提高套作玉米产量。由于套播期一般比夏直播提早10~20天,可选用生育期长、产量高的中、晚熟玉米品种,从而可提高全年单位面积产量。

此种方式适于在山西、河北、山东、河南等省的部分地区推广种植,特别是适于水、热资源条件稍差又想创高产的地区选用。

20. 麦、棉等套作高产种植方式的特点和技术要点是什么

此种种植方式,可在水热条件好、人均耕地面积少、生产水平较高的山东、河南、河北、江苏北部、安徽北部等地区选用。因为此种方式能充分发挥农业气候资源和人力资源的优势,有效地利用时间、空间、光、温、水等资源条件,较好地解决粮、棉争地矛盾,达到粮、棉双丰收。具体操作方法是在秋播小麦时,预留出棉花套种行,4月中旬前后适时套种春棉品种或5月上中旬移栽营养钵育成的棉苗,或此时套播一行中晚熟夏棉品种。6月上中旬收麦后,及时灭茬、中耕松土、追肥灌水、防治病虫、加强棉花管理,促进棉花早发,争取棉花丰

收。具体种植方式有"三一式"、"三二式"等。

(1)"三一式"种植方式(图 1)为三行小麦套种一行棉花,小麦行距 15~20 cm,三行小麦间的播幅宽 30~40 cm,之间留有较大的棉花套种行,宽为 40~60 cm,棉花间行距 70~100 cm。此种植方式更加通风透光,增大了小麦的边行效应和光合作用,促进小麦生长发育,提高小麦产量、品质。由于早春棉花播种及棉苗生长在小麦行间,有小麦的保护,又可避免或减轻寒流、低温、终霜冻对棉苗的危害,保证棉苗的正常生长发育;由于套播或套栽期提前,从而可延长棉花生育期,因此可种植生育期较长、产量较高的春棉、夏棉品种。此种套作方式既有利于提高棉花的产量品质,又有利于提高小麦的产量和品质。

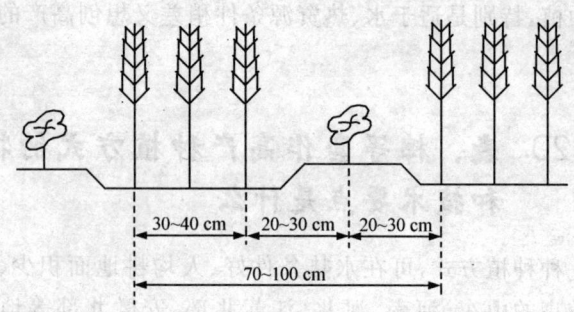

图 1 "三一式"麦、棉套作种植方式示意图

(2)"三二式"种植方式(图 2)是在三行小麦之间套种二行棉花,小麦行距 15~20 cm,播幅宽 30~40 cm,麦棉间距 25~30 cm,棉花小行距 40~50 cm,棉花大行距 80~100 cm。依照此种种植方式,较"三一式"可相对提高棉花产量和经济效益,而小麦产量略有减少。

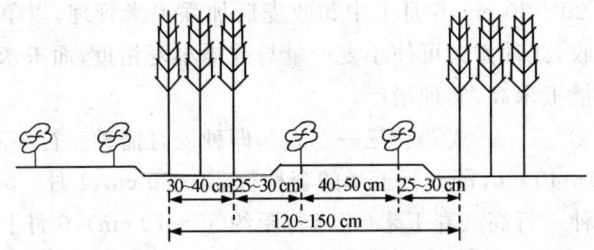

图 2 "三二式"麦、棉套作种植方式示意图

(3)"四二式"种植方式(图 3)是在四行小麦之间套种二行棉花,小麦行距 15~20 cm,播幅宽 45~60 cm,麦棉间距 25~30 cm,棉花小行距 40~50 cm,棉花大行距 95~120 cm。依照此种种植方式,小麦、棉花的产量和经济效益均较高。

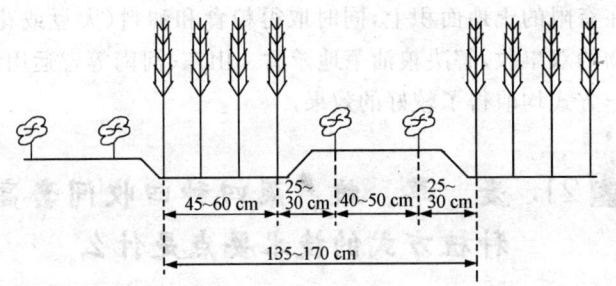

图 3 "四二式"麦、棉套作种植方式示意图

(4)小麦、玉米、大豆(或花生)一年二种二收或三种三收套作种植方式。具体方式有"二一式"、"三一一式"、"三一二式"等。

①"二一式"为二行小麦套种一行玉米,即秋季种麦时种二行小麦,留一行玉米的套种行,春季(4月中下旬)套种一行高产优质、生育期较长的春玉米。小麦行距 15~20 cm,套种

行距20～30 cm，6月上中旬收麦后加强玉米管理，以争取玉米丰收，此种方式可使小麦产量与纯播小麦相近，而玉米产量比夏播玉米高，实现增产。

②"三一一式"或"三一二式"，即种麦时播种三行小麦，播幅30～40 cm，留一行玉米的套种行20～30 cm，4月—5月上旬套种一行高产春玉米（玉米行距约50～70 cm），6月上中旬收麦、灭茬、追肥、灌水后，在原麦幅上套种一行或两行夏大豆（或夏花生），并加强玉米、大豆（或花生）的水肥管理和病虫害防治，最后取得玉米、大豆（或花生）的丰收。"三一一式"和"三一二式"种植方式的优点是能有效地利用时间、空间，充分发挥边行效应、光合效应，增强通风透光性能，改善农田和土壤小气候条件，有利于提高单位面积年粮食作物的总产量。可在有限的土地面积上，同时取得粮食和油料（大豆或花生）作物的双丰收，解决粮油争地矛盾。山东、河南等省运用此种套作方式均取得了较好的效果。

21. 麦、草、粮、菜四种四收间套高效种植方式的技术要点是什么

这是一种适合人多地少，光、热、肥、水、人力、技术条件都较高的农业地区推广应用的种植方式。具体为秋播时小麦和饲草毛苕子间作（同时播种），即三行小麦间作一行毛苕子，小麦播幅30～40 cm，毛苕子播幅宽20～30 cm。冬前小麦和毛苕子同时生长，次年春天（4月中下旬）收割毛苕子喂养奶牛（或奶山羊）、长毛兔、种鸡鸭等家畜家禽。收毛苕子后及时灭茬、追肥，并结合灌小麦孕穗水后及时套种一行春玉米（或中早熟棉花、花生）。6月初收小麦、灭茬、追肥、灌水后，在原麦

幅中间套种一行夏大豆（或夏玉米）。8月上旬收春玉米后灌水造墒加种一季蔬菜，10月上旬收夏大豆（或夏玉米）及蔬菜后整地再种小麦间毛苕子。

此种种植方式的优点是：能充分发挥人力、地力、技术、时间、空间、水、热、光等资源优势，又能创造出通风透光的农田小气候条件，毛苕子根系还能固氮培肥地力。这一种植方式将种植业（粮、棉、油、草）与畜牧业、养殖业的发展有机结合起来，将农业的高产、稳产、优质、高效有机结合起来，将粮、棉、油、草、菜争地矛盾统一起来。所以，这是资源条件好、但人多地少、农业与畜牧业争地矛盾突出地区的一种较好的种植方式，山东省莒县在这方面曾做出较好成绩。此种种植方式适于在黄淮平原具备较好条件的地区推广应用。

22. 沟播小麦高产种植方式的农业气象效应和技术要点是什么

此方式就是用沟播机在平整好的土地上将开沟、播种、施肥、覆土、镇压多项作业一次完成的沟、背相间的种植方式。沟宽（两背顶间距）约40 cm，每沟内播二行小麦，平均行距约20 cm，肥料施在种子侧下方5 cm处。这种种植方式的优点是：旱地小麦由于深开沟，可在沟底墒情较好处借墒播种，有利于种子的发芽出苗，促进小麦根系发育，形成壮苗；在盐碱地区由于含盐碱量较多的表层土壤被翻到埂上，种子播到沟内，可以避开盐碱，有利于种子的发芽出苗；容易发生冻害的地区，小麦沟播可以降低分蘖节在土壤中的位置高度，相对温度较高，可减轻冻害、减少死苗。沟播小麦，冬季可以减轻冷风侵袭，可防止或减轻小麦冻害，遇降雪可积存增加沟内积雪,有利于小麦保温、增墒、安全越冬;春季遇大雨能减少地表径流,防止地表冲刷,沟内又能积纳雨水,增加土壤墒情,有利于小麦的生长发育;在沟播侧深位集中施肥,可防止肥料烧苗,提高肥效。综合以上优点,沟播能改善小麦农田气候条件,减轻旱、盐、冻等灾害,有利于小麦的高产、稳产。

沟播小麦种植方式,可在山西、河北、山东、河南、陕西、北京、天津等省(市)的部分中低产地区示范和推广种植,特别适于在盐碱地、旱薄地、干旱和冻害发生较多的地区推广。

23. 地膜覆盖小麦垄播高产种植方式的技术要点是什么

这是一种适合我国北方干旱、半干旱地区及雨养农业或灌水资源缺乏地区使用的,节水、防旱、抗旱、稳产、增产的小麦种植方式。具体做法是:用机械将起垄、覆膜、穴播或条播一次完成。垄高15~20 cm,有水浇条件的,垄面宽约1.4 m,穴播小麦7~8行,行距约20 cm,穴距11 cm左右,每穴播12粒种子,每亩约播40万粒种子。在膜侧两垄间沟内(宽约20 cm)条播一行小麦。旱地垄面宽0.8米,穴播4~5行,穴距11 cm,每穴约播10粒种子,每亩约播35万粒种子。具体播种方式、株行距等,可根据土壤肥力、品种特性进行适当调整。

24. 独秆小麦高产种植方式需要的农业气象条件和技术要点是什么

在北方麦区的部分地区,存在小麦、玉米等一年两作而光热资源不足的矛盾,经常出现倒茬整地慢、小麦播种晚、产量低而不稳的情况。独秆小麦高产种植方式的特点,就是通过适当加大播种量,大幅度增加基本苗,培育壮苗,发挥主茎(独秆)成穗和总穗数多的优势,使晚播低产小麦达到高产。该种植方式在山东省已获得亩产 350~400 kg 的高产,是一条晚茬麦创高产的重要途径。此种种植方式在播种期、播种量和肥水管理上与传统的栽培方式不同,其主要技术内容是:

(1)播种期。独秆小麦在日平均气温 12~16 ℃、冬前积温 250~550 ℃·d 的条件下播种仍可获得较高产量,故适于适当晚播。

(2)播种量和苗穗结构。由于该种植方式获高产主要是靠增加基本苗,所以播种量要比适期播种和一般种植方式的要大,且应随播期推迟而适当增加。根据斤种出万苗的原则,冬前积温为 550 ℃·d 时播种,可成穗 45 万~50 万,所需基本苗 35 万~45 万(中穗型品种),苗、穗比为 0.8∶1,亩播种量约为 15~20 kg;冬前积温 350~480 ℃·d 时播种,苗、穗比为 0.9∶1,亩播种量约为 18~22 kg;冬前积温略低于350 ℃·d 时播种,苗、穗比为 1∶1,亩播种量约为 20~25 kg。

独秆小麦种植易出现前期株多拥挤、后期行间漏光现象,为解决这一矛盾,要求留有较小的小麦行距,一般以 10~15 cm为宜。

(3)肥水管理。其特点是:底肥增施有机肥,一般亩施 3 000 kg;重施磷肥,一般亩施五氧化二磷 7~10 kg;春季严格蹲苗,拔节至孕穗期每亩追施氮肥 12~14 kg。

(4)适时灌水。控制灌水时间和灌水次数是独秆小麦种植方式成败的关键,独秆小麦因播种晚,冬前生长量小,对土壤水分消耗少,所以在足墒播种条件下,一般不浇越冬水和返青水,重点要浇好拔节水和灌浆水。如果孕穗、抽穗时 0~

40 cm土壤含水量低于田间持水量的60%,还应浇一次孕穗水。

25. 晚茬麦高产种植方式需要的农业气象条件和技术要点是什么

所谓晚茬麦,是指因中晚熟玉米、花生、棉花、甘薯(地瓜)、水稻等作物成熟较晚,致使倒茬、整地过晚而错过适播期的晚播小麦。晚茬(或晚播)麦,由于冬前生长时间较短,光照、热量不足,常造成苗小、苗弱、根系发育差、成穗少、产量低而不稳。与适期播种的小麦相比,一般会减产10%～30%。如何取得晚茬小麦的高产、稳产呢？重点应抓好"四补一促"的栽培技术措施。四补,即:增施肥料,以肥补晚;选用良种,以种补晚;加大播量,以密补晚;提高整地、播种质量,以好补晚。一促,即:科学管理促苗壮、多成穗,达到高产、优质。具体操作如下:

(1)增施肥料,以肥补晚。充足的底肥有利于壮苗的形成,从而弥补积温不足的影响。一般亩产350～400 kg的晚茬麦,基肥以亩施有机肥3 500～4 000 kg,尿素20 kg,过磷酸钙40～50 kg为宜;亩产250～300 kg的麦田,可亩施有机肥3 000 kg,尿素15 kg,过磷酸钙50 kg。

(2)选用良种,以种补晚。应选用早熟半冬性、偏春性或春性小麦品种,这些品种阶段发育进程较快,营养生长时间较短,灌浆强度较大,易于形成大穗,达到粒多、粒重、早熟、丰产。

(3)加大播量,以密补晚。晚茬麦由于播种晚和冬前积温不足,冬前分蘖少或无分蘖,春生蘖也显著减少,直接影响亩穗数和产量。因此,加大播种量,依靠主茎成穗是晚茬麦增产的关键。具体播种量应根据晚播时间、品种特性、产量要求而定,一般应比适期播种量多10%~30%。

(4)提高整地、播种质量,以好补晚。当前茬作物收获前后土壤含水量低于田间持水量的70%时,应及时带茬灌水或收后灌水,造足底墒。抓紧腾茬灭茬、深耕细耙、精细整平,使土壤上松下实,不透风漏气,有利于增温、保肥、保墒,同时要抢时、抢积温播种。如果时间过晚,可采用浅耕灭茬播种或者窄沟播种,以利于早出苗、早发育。也可采用复播技术加宽播幅,即利用播种机或耧往返播两次,第一次用种子量的60%~70%,第二次用种子量的30%~40%,复播不仅加宽了播幅,而且使种子在土壤中的分布更加均匀。播种时还要适当浅播,以充分利用前期积温,减少种子养分消耗,促进晚茬麦早出苗、多发根、早分蘖,播种深度一般为3~4 cm。要浸种催芽,播种前用20~30 ℃的温水浸种5~6小时后,捞出晾干播种,可提早出苗2~3天。

(5)科学管理,促苗壮、多成穗,达到高产、优质。在小麦返青期要抓紧划锄松土,以增温、保墒、压盐碱,从而达到促进根系发育、培育壮苗、增加分蘖的效果。小麦拔节后,营养生长和生殖生长并进,生长迅猛,对水肥要求极为敏感。一般麦田,应结合浇拔节水每亩追施尿素15~20 kg,或碳酸氢铵25~40 kg。对地力较高、基肥充足、苗情较好的麦田,可推迟到拔节后期浇水、追肥。晚茬麦由于生长势弱,春季浇水不宜过早,以免因浇水降低地温影响小麦生长,一般以5 cm地温稳定通过5 ℃后开始浇水为宜,在黄淮麦区这种情况多出现在3月中下旬。要注意浇好孕穗、灌浆水,孕穗期是小麦需水临界期,往往此时的土壤水分不能满足需求,故孕穗水对保花、增粒、增产有着显著作用。由于晚茬麦推迟了灌浆时间(一般晚3~5天),缩短了灌浆期,故晚茬麦更应该及时浇好孕穗水,一般开始挑旗(出旗叶)时浇孕穗水为宜,这样可以有效延长灌浆时间,增加穗粒数、穗粒重和产量。另外要注意对小麦锈病、白粉病和蚜虫的防治。

26. 稻茬麦高产种植方式需要的农业气象条件和技术要点是什么

稻茬麦即收稻后倒茬、整地后种的小麦,是南方稻麦区主要的小麦种植方式。但在黄淮地区的稻茬麦,往往由于倒茬、整地、播种晚,而成为晚茬麦。南方适时播种的稻茬麦,其丰产栽培技术也是选好品种、适期早播、高效施肥、及时浇水、防治病虫等。特别之处是要建立高标准的麦田"一套沟"和搞好化学调控。

"一套沟"是指田内沟、外围沟、总排水沟的配套,这是针对南方(稻区)小麦中后期降水偏多、容易发生渍涝灾害的特点提出的,目的是做到旱能灌、涝能排降,达到旱涝保收的效果。

化学调控的措施是:播种时采用多效唑拌种,有利于矮化植株、通风透光、促进分蘖,提高植株的抗旱抗寒和光合性能,具体做法是每千克种子用15%的多效唑1g拌种,播期应提早2~3天,播量提高5%~10%。在孕穗、抽穗期喷施多效唑、麦业丰等以防倒伏。在灌浆、乳熟期喷施麦业丰、磷酸二氢钾、植物活力素等,可促进养分平衡,延缓叶片衰老,提高灌浆速率,增加粒数、粒重和产量。

27. 稻田套播小麦高产种植方式的优点及技术要点是什么

稻田套播小麦即收稻前在稻田内撒播小麦的种植方式。该种植方式的优势有5个方面：

(1)资源利用优势。该方式可延长水稻生育时间及其对水、热、光等农业气候资源的利用期和产量形成期，有利于使晚熟水稻高产优质，有利于小麦充分利用冬前的温度、光照、水分等资源形成壮苗，可促进小麦生育进程与季节气候条件保持优化同步，从而获得高产。

(2)播种主动优势。稻套麦不受茬口、播期、温度、土壤水分等播种条件的限制，晚茬不晚种，能确保小麦适期早播，获得早苗、全苗、壮苗。

(3)抗灾稳产优势。通过稻田后期水分管理，解决了在小麦播种出苗期，因天旱少雨、土壤墒情差导致的出苗难问题；又可以通过稻田原有的沟系，解决麦播期由于遭遇连阴雨、大雨，导致的烂耕、烂种、烂子、僵苗问题。

(4)提高工效优势。与收稻后种常规麦相比，工效可提高3倍以上，省工、省力、省时、省机械、省能源，解决了收稻、种麦争农时、争劳力的矛盾。

(5)规模经营优势。该稻套麦的种植方式可以在较大规模、区域范围内实施。

稻田套播小麦的具体技术要点是：

(1)播种技术。

种子处理：播前，每千克种子用 $1\sim1.5$ g 15%的多效唑粉剂或 $100\sim150$ mg/kg 的多效唑稀释液浸种，可起到矮化、增蘖、控旺、促壮的作用,有效防止麦苗在稻棵中因光照不足而出现窜高、叶片瘦长、苗体黄弱等现象。

适期套播:套播期应选在当地小麦最适播种期内,既要保证套播麦苗齐、苗壮,又要尽量延长水稻生育期拿高产,还要使麦、稻共生期越短越好。经验证明,稻、麦共生期以 7~10 天为宜,不宜多于 15 天(1 叶、1 心)或少于 5 天。过早套播,麦苗细长不壮;过迟套播,小麦难以全苗、高产。

适量匀播:稻套麦要求基本苗比常规麦多 10%~30%,并考虑地力、品种特性、共生期长短等条件,播种量一般应比常规麦多 10%~30%,且要求播(撒)种均匀,保证田边、畦边等边角地带足苗。

(2)保苗技术。在干旱年份,割稻前要灌跑马水,并预先将小麦浸种到露白,待稻田水渗入土壤后立即播(撒)种;或灌水后保持水层,立即把麦种撒下田,12 小时后把田内水放干。收稻后若天气晴好,气温高,必须及时再灌一次跑马水。在过湿年份,一是如遇连阴雨,一定开好排水沟,做到雨止水排净;二是要适当缩短共生期,小麦适当迟播 2 天;三是抢收稻子,及时割稻离田,防止小麦烂芽、死苗。注意用套肥、套药以保全苗。在干旱年份,收稻后小麦难施肥,可在收稻前随浇水亩施套肥尿素 10 kg,复合肥 15 kg,并可及时套施除草剂,消除麦田杂草。还可在收稻后小麦齐苗时用有机肥覆盖,以利于保苗、促壮苗。

(3)管理技术。包括高效施肥,增磷补钾,合理施氮;三沟配套,防旱、防涝、降渍;及时防治病虫草害。

(4)抗逆技术。麦苗遭受低温冻害后,要及早增施速效肥料,促苗恢复生长;稻套麦根系分布浅,后期易早衰,应注意增施肥料、喷施速效化肥;稻套麦由于后期群体大、根系浅、易于倒伏,应增加覆土厚度,用药剂拌种或于麦苗倒四叶初喷施多效唑。

28. 小麦播种前如何调理好土壤从而创造适宜的土壤小气候环境

(1)备好底墒。底墒好,才能保证土壤水分充足,一般指0~60 cm 土层土壤湿度达到田间持水量的80%以上,此条件不仅有利于小麦种子顺利吸水发芽、出苗,而且对小麦获得壮苗、安全越冬、返青生长等都具有重要意义。所以,黄淮麦区有"麦收伏墒"、"麦收八、十、三场雨"(指农历八月、十月和次年三月有三次较大降雨,就可以保证小麦的收成)、"要吃面泥里拌"、"麦子涝年吃白面,谷子涝年一把糠"等农谚,都说明如果夏秋雨水多、伏墒好、底墒足,就有利于小麦的高产、优质。如果夏秋雨水少,麦播前土壤水分不足、底墒差,即 0~60 cm 土壤湿度低于田间持水量的 60%,就会影响种子的发芽、出苗,需要在秋耕秋种前灌水造墒。

(2)备足底(基)肥。基肥可提供小麦整个生育期的养分需求,对于促进麦苗早发,培育壮苗、壮蘖,安全越冬,增加有效分蘖,壮秆、大穗,实现高产、优质,具有重要意义。基肥的种类以有机肥、磷肥、钾肥和微肥为主,以速效氮肥为辅。有机肥具有肥源广、成本低、养分全、肥效长、有机质含量高、能改良土壤物理化学特性等优点,有良好的增产作用。所以,施用基肥应多施有机肥,搭配施用化肥。基肥使用量应根据土壤基础肥力和产量水平而定。一般麦田每亩应施优质有机肥5 000 kg以上,或应用腐殖酸生态肥和有机无机复合肥或三元复合肥 50 kg。对于肥力较低和中低产麦田,应适当加大基肥用量,速效氮肥的基肥与追肥量之比以 7：3 为宜;而土壤肥力较高和高产的麦田,两者之比应为 6：4 或 5：5。在基肥施用前,最好对麦田肥力水平、养分含量进行实际测定,然后根据供求数量进行科学配方施肥。施用技术为:对于土壤偏黏、保肥力强、无灌水条件的麦田,可将全部有机肥、三分之二的氮、磷、钾化肥,撒施地面后立即耕翻,再将余下的肥料撒耙于土壤上层;对于保肥性差的沙土地和水浇地可将全部有机肥、磷肥、钾肥和三分之二的氮肥作为基肥,撒后耕翻,余下的氮肥作追肥;最好用拖拉机圆盘耙等耕耙。

(3)深耕细耙,精细整地。深耕细耙,就是用拖拉机等耕作机械,将耕深加深到 20 cm 以下,打破犁底层,使耕层深厚细碎,上松下实,改善土壤团粒结构和通气性能,增强土壤的保水、保肥能力,促进土壤微生物活动和土壤养分的转化吸收,有利于小麦根系深扎,扩大小麦对水肥的吸收范围,以提高抗寒、抗旱、抗倒伏能力,为小麦生长发育创造一个好的土壤小气候环境,为获取小麦的高产、优质打下一个好的基础。

29. 小麦播种适宜的土壤湿度(含水量)是多少

一般认为小麦播种的适宜土壤含水量(或足墒含水量)的标准(用土壤中含水量与同体积干土重的百分比表示)是:沙土地为10%~16%,沙壤土地为 16%~20%,壤土地为21%~24%,黏壤土地为 25%~27%,黏土地为 28%~32%。用田间持水量表示,则可不考虑土壤质地差别,即足墒的标准均为田间持水量的 80%左右。在此土壤湿度下,种子能够顺利地从土壤中吸取适量的水分,满足种子正常发芽、出苗的水分需求。

30. 小麦播种时土壤湿度过高或过低的标准是什么

虽然小麦种子比较耐湿,在土壤湿度较高甚至接近饱和的情况下,小麦种子仍能正常发芽、出苗,麦区也有"要吃面泥里拌"的谚语。但是,如果土壤水分过高,接近饱和(接近田间持水量的100%)或过饱和,且持续时间较长时,则会发生渍涝灾害,造成粉种、烂种现象。若土壤过湿又遇低温,则粉种、烂种现象会更加严重。

土壤湿度过低,即土壤出现不同程度干旱时,则小麦种子吸收不到足够的水分,就会不同程度地影响种子的发芽、出苗。轻度干旱,土壤湿度约为田间持水量的60%～50%,会造成少部分种子(一般低于30%的种子)因旱不能发芽、出苗;中度干旱,土壤湿度约为田间持水量的50%～40%,可能造成50%左右的小麦种子因旱不能发芽出苗;重度干旱,土壤湿度为田间持水量的40%以下,即接近土壤"凋萎湿度"值,在此土壤湿度下会有大部分种子(一般70%以上的种子)不能发芽、出苗。

我国黄淮海及西北内陆地区小麦播种至出苗期间降水较少,土壤湿度较低,一般不能满足小麦需求,需要灌水造墒播种。而部分南方多雨地区,有时会出现土壤过湿、渍、涝现象,对小麦播种、出苗不利。

31. 小麦播种适宜和不适宜的温度指标是多少

小麦种子顺利萌芽需要的最低温度为2～4℃,适宜温度为 15~25 ℃,最高温度为 32~37 ℃;小麦最适宜的播种温度,冬性品种为 16~18 ℃,春性小麦品种为 14~17 ℃;小麦出苗要求的最低温度为 3~5 ℃,适宜温度为 15~16 ℃,最高温度为 32~35 ℃。

从试验和生产实践得出,在土壤温、湿度适宜等条件下,从播种到种子萌发约需 50 ℃·d 的活动积温,胚芽鞘每生长 1 cm 约需 10 ℃·d 的活动积温,如果播深 4 cm,种子从播种到出苗一共需要的活动积温约为 110 ℃·d(50 ℃·d+4×10 ℃·d+2×10 ℃·d)。根据上述计算方法如果播深为 3 或 5 cm,则播种至出苗所需的活动积温为 100 或 120 ℃·d。所以,适宜的温度和足够的积温是保证种子顺利发芽、出苗的必要条件。

32. 如何根据适宜播种期预报和其他影响条件确定最佳播种日

(1)考虑选用的小麦品种特性。若选用的是弱冬性、半冬性小麦品种,则应在适播期的后半段播种。早几天播种虽然有利于营养生长,但不利于感温发育,会造成营养生长过度或春性发育过快形成过旺苗,不利于小麦的安全越冬;如选用冬性、强冬性小麦品种,应在适播期内尽量早播,因晚播虽然有利于春化发育,但不利于营养生长,冬季到来前难以形成壮苗、壮蘖。

(2)纬度和地势。若小麦播种地段所处的纬度或地势较高,那么积温的累积速度慢、时间长,因而应在适播期的开始段播种。而在中、低纬度和平原、低洼地区,则应在适播期的后半段播种。

(3)栽培体系。小麦精播栽培体系,主要依靠分蘖成穗,要求冬前壮苗(5～7蘖)越冬,应适当提早在适播期的开始段播种。独秆小麦栽培体系(以主茎成穗为主),要求控制分蘖,则应在适播期的后半段播种。

(4)土壤墒情。在适宜播期范围内或邻近适播期时,如果墒情迅速变差,而近期又无降水或无灌水条件时,则应抢墒适当早播。

(5)当时天气条件。在适播期范围内,如近期有冷空气侵入或有降水时,应选在冷空气和降水过后播种,同时应选择晴好、无风、温暖的天气播种。

33. 小麦播种如何选定适宜的播种深度

北方和黄淮麦区在墒情较好、适期播种的条件下,播种深度一般以3～5 cm为宜;底墒充足、播种偏晚、地力较差的地块,播种深度以3 cm左右为宜;墒情较差、适期播种、地力较好的地块,播种深度以4～5 cm为宜。如果播种过深,播深超过6 cm,会使幼芽出土时间延长、消耗养分过多,易造成幼苗细弱、叶片瘦长、分蘖少而小甚至无分蘖;如果播深超过8 cm,可能使幼芽将胚乳中的养分消耗过大或耗尽,而造成出土苗弱或幼芽憋死土中。但是,小麦播种过浅,播深不足2 cm时,种子容易落干,难以发芽出苗,造成缺苗断垄,并且使得分蘖节过浅或裸露,不耐旱、不抗冻,稍遇干旱就会影响分蘖和次生根的生长,难以形成壮苗,同时越冬期间容易遭受冻害形成死苗,不利于安全越冬。但在南方稻田套播撒种小麦,虽然分蘖节较浅或在地表,但由于不常受冻害和干旱的威胁,也可获得高产。

34. 小麦抗旱播种的有效技术措施有哪些

(1)选用抗旱、耐旱的小麦良种。并使用含有抗旱剂、保水剂的种子包衣剂处理过的小麦种子或经过浸水催芽处理过的种子进行播种。

(2)轻度干旱情况下(即土壤湿度为田间持水量的60%~50%时)的小麦适期播种。应先进行种子浸水催芽,而后立即抢墒播种,且应适当加大播种量和播种深度,将种子播到稍深一点的湿土层内,播后随即进行表层土壤的轻度压耱以保墒,在此情况下能达到小麦基本全苗。

(3)中度干旱情况下(即土壤湿度为田间持水量的50%~40%时)的小麦适期播种。也应在进行种子包衣或浸水催芽处理后立即抢墒播种,且应适当加大播种量,播种时先用分土器将表层干土分到两边,再将种子播到下面较湿的土壤内,并随之轻度压耱保墒,这样一般也能达到使大部分种子发芽出苗的效果。

(4)重度干旱情况下(即土壤湿度小于田间持水量的40%)的小麦适期播种。如果采取上述措施种子都难以发芽出苗,那么在有一次灌水条件的地方,则应于播种前开沟或起垄灌水,待水渗下去后及时播种并浅耙耱保墒,或者先播种后浇蒙头水,稍干后再及时耙耱保墒。

(5)积极开展人工增雨。深秋的北方地区有利于对层状云系进行飞机人工增雨作业,通过这种办法来增加大气降水,缓和麦播旱情,争取小麦及时播种和顺利发芽出苗。

(6)加强基本农田水利建设和引黄、南水北调等水利工程建设,从根本上解决干旱威胁,保证小麦的适时播种和一播全苗。

35. 遇到连阴雨和渍涝灾害时小麦可采取哪些播种技术措施

我国多数麦区小麦播种期间有时会遭遇连阴雨和渍涝灾害,连阴雨的天数一般为3~5天,往往伴有较低的温度,群众中也流传有"秋雨连绵西北风"的谚语。在播种前得知将出现阴雨低温天气时,应在阴雨过后再播种。当小麦播种后遇到1~3天的低温(气温低于3℃)连阴雨(雨量大于10 mm,持续3天以上土壤湿度达到饱和或有积水)天气时,经常会发生小麦种子在土壤中被粉坏变质、不能再发芽出苗,必须重新播种的情况。如播种后连续5~7天发生低温连阴雨天气时,则会出现烂芽,严重时也必须进行重播。如低温连阴雨天气不太严重,即在持续时间小于3天、雨量小于5 mm、温度不低于3℃的情况下,一般不需要重播,但低温连阴雨天气过后必须及时中耕松土、破除板结、增温保墒,以促进种子继续发芽出苗。

36. 小麦根系有何作用,保证根系正常生长发育的农业气象条件是什么

根系是小麦植株吸收土壤水分和养分的主要器官,又是固定植株、合成营养的器官。小麦根系由种子根(由种胚直接生出的根,一般3~7条)和次生根(从分蘖节上长出的根,一般比种子根粗短)组成。三叶期时,壮苗的种子根可长到30~40 cm;越冬时种子根可达60~100 cm,次生根可达30~

60 cm。小麦根系主要分布于 0～40 cm 的土层中,其中 0～20 cm 土层内的根约占总根量的 70%～80%。

小麦根系的发育和分布与农业气象条件有着密切的关系,当土壤湿度为田间持水量的 70%～80% 时,最适宜根系的生长。土壤水分过多时,土壤通气不良且根系生长受抑制。土壤过干时,根系生长缓慢,甚至停止生长。土壤温度也是影响根系发育的重要因素,一般温度在 16～20 ℃ 时,最适宜根系生长,低于 2 ℃ 或高于 30 ℃ 时,则根系生长受到严重抑制。另外,土壤通气良好且养分充足,可以促进根系的生长发育。所以,苗期改善麦田土壤的温、湿、气等农业气象条件,对于促进根系生长、发育,获得壮苗、壮蘖有着重要意义。

37. 小麦叶片有何作用,保证叶片正常生长发育的农业气象条件是什么

小麦叶片分为近根叶和茎生叶两种。近根叶是生长在分蘖节上的叶片,是从出苗到起身期陆续生长的,随小麦品种和播期而变,播期越早近根叶片数越多,近根叶主要是在拔节前用其所制造的光合产物供给根、叶和分蘖生长所需的营养,对壮苗起重要作用。茎生叶是指生长于小麦茎上的叶片,多为 5 叶,最上部的茎生叶叫旗叶。茎生叶制造的光合产物,主要供给茎、穗、子粒的生长。因此,只有茎生叶健壮,才能实现后期秆壮、穗大、粒多。

小麦的所有叶片,都是小麦植株进行光合作用、制造碳水化合物等有机物质,以及进行呼吸和蒸腾的重要器官。在黄淮和北部冬麦区,在适宜的温度、光照和水分供应条件下,在适宜的播期和栽培条件下,多数冬小麦品种冬前都能长 6～8

片叶,春季长 6 片叶。小麦植株主要依靠这些叶片所制造的光合产物,形成壮苗、壮蘖和后期产量。如果出现低温、高温、干热风、寡照或土壤干旱现象,则会影响叶片的生长发育,不能形成壮苗、壮蘖和产量。

38. 影响冬前小麦分蘖的主要农业气象因素是什么,如何调控这些影响因素

(1)温度。温度是影响小麦分蘖的重要条件,一般分蘖适宜的温度为 10~17 ℃,低于 4 ℃时,分蘖缓慢,低于 2 ℃时,分蘖停止,高于 18 ℃时,分蘖受抑制。生产实践证明,较早和适期播种,由于冬前温度偏高、积温偏多,则冬小麦的单株分蘖多,成穗率也高,而秋寒年份,分蘖就少;过晚播种,由于温度低、积温少,不仅分蘖少,分蘖成穗率也低,且易形成弱苗。所以,根据温度条件掌握适期播种是十分重要的。

(2)水分。

降水:小麦从出苗至分蘖期间的降水量,华北平原北部、西北内陆地区最少,为 5~15 mm,一般不能满足小麦生长发育的需求,应及时灌水满足小麦分蘖需水;湖南、江西、贵州、湖北地区降水最多,为 40~50 mm,其中部分地区易出现渍涝,应及时排水、降低地下水位,减轻渍涝危害。

土壤水分:适宜分蘖的土壤湿度为田间持水量的 80%~70%,低于 60%时,分蘖受影响,低于 55%出现土壤干旱时,则难以形成分蘖或出现分蘖缺位。但是,如果土壤湿度过高,高于田间持水量的 90%时,则出现土壤过湿、通气不良并缺少氧气的现象,也会影响分蘖的生长,易形成黄弱苗,不利于小麦安全越冬和获取高产。故应及时通过灌水、排水、中耕散

墒、保墒、盖草或农家肥保墒等措施来调控土壤水分。

(3)光照。我国大部地区小麦出苗至分蘖期间日照时数的差异较小多为100～120小时,基本能满足需求。高值区出现在西南高原,约为200小时;低值区出现在四川和贵州地区,约为50小时,光照不足。观测发现,每天日照时数达8～12小时对小麦分蘖有利。对光照不足麦区主要是通过选用适当品种、调整播期等措施来弥补日照时数的不足。

(4)品种特性。不同气候生态类型的小麦品种其分蘖力有很大差异。冬性小麦品种的春化阶段时间长,分蘖所经历的时间也长,主茎生长的叶片数多,分蘖力增强,分蘖数也多。春性小麦品种的春化时间短,分化的叶片数少,分蘖数也少,分蘖力也弱。半冬性品种介于两者之间。同一类型的品种,冬性越强分蘖力越强,春性越强分蘖力越弱。生产上常用的多穗型品种分蘖能力较强,大穗型品种分蘖能力较弱。

(5)土壤养分。由于土壤中所含的氮、磷、钾、微量元素等离子是构成分蘖的重要组成成分,所以土壤中肥料的多少和可利用程度直接影响着分蘖的形成和分蘖数的多少。要想达到多蘖、壮蘖,就必须通过科学配方施肥使土壤保持充足的有机肥和化肥,并创造有利的农业气象条件,以提高肥料的利用率和有效性。

(6)播种期、播种量和播种深度。播种期对分蘖的影响主要体现在温度的影响上,适期播种且温度适中,对分蘖有利。早播温度过高,容易造成幼苗徒长、易于感染病害,不利于分蘖生长。晚播温度降低也不利于分蘖生长。播种量和播种密度过大,则群体过大,耗水、肥多,通风透光性差,单株营养面积小且发育不良,影响分蘖。播种深度一般以3～5 cm为宜,播种过深,超过6 cm时,土壤通气性差,分蘖受到抑制,超过

7 cm 时,由于幼苗出土消耗了过多的养分和氧气,从而幼苗生长细弱,很难形成分蘖。播种过浅易落干,分蘖节浅易受害,对分蘖不利。所以,必须掌握适宜的播种期、播种量和播种深度。

39. 培育小麦壮苗、壮蘖的技术措施有哪些

(1)及时查苗补苗、雨后松土。小麦齐苗后要及时查苗,如有缺苗断垄,应及时催芽补种或疏密补缺,力争全苗。出苗前如遇雨,应及时松土破除板结,切断毛细管,以利于土壤的增温、保湿、通气。

(2)及时冬前灌水。北方(主要是黄淮海地区)麦区的农业气候特点是春旱、夏涝、晚秋又旱,所以晚秋小麦播种期及冬前苗期,常常是少雨干旱的天气,需要播前灌水造墒或苗期及时给小麦灌冬水,以保证小麦的耗水需求。

(3)耙压保墒、防寒。北方广大旱地麦田,在入冬小麦停止生长前,应及时进行耙压覆沟(播种沟)、壅土盖蘖保根,并结合镇压,以利于小麦安全越冬。水浇地如果越冬前或越冬期间地面有裂缝,出现漏气、失墒严重的情况,应及时耙压。

(4)异常苗情处理。异常苗一般指僵苗、小老苗、黄弱苗和过旺苗。僵苗是指生长停滞的苗;小老苗是指长有少量叶、蘖后几乎不再长或很少再长的苗。造成以上两种苗的原因是土壤板结、通气不良、土层薄、肥力差或磷钾肥严重缺乏等。可采取疏松表土破除板结,结合灌水开沟补施磷、钾肥等措施。过旺苗往往是由于播种过早、温度偏高、肥水过量等原因造成的,可采取及早镇压、控制肥水等措施进行调控。对因过

干、过湿或缺肥造成的黄弱苗,应分别采取灌水、松土散墒、追施速效肥等措施予以解决。

40. 如何掌握小麦冬前适宜的灌水量和灌水时间

灌水量: 主要是根据小麦的需水量、土壤墒情、农业气候特点、苗情等进行确定。在麦田偏旱的情况下,一般冬灌的灌水量约为每亩 $60\sim90\ m^3$。

灌水时间: 根据小麦不同生育时期对土壤水分的不同需求而定。在出苗至越冬阶段,当土壤湿度低于田间持水量的 65% 时就应及时灌冬水。灌水时间最好结合温度状况而定,在日平均气温稳定通过 3 ℃ 左右时灌水,在此条件下水分夜冻昼融利于下渗,还可以防止灌后积水结冰造成窒息死苗。如果土壤含水量高或苗弱小,也可以不浇越冬水。

41. 小麦冬前苗期主要农业气象灾害有哪些

小麦从出苗到越冬期主要农业气象灾害包括:(1)冬前苗期霜冻灾害;(2)冬前苗期干旱灾害;(3)冬前苗期病虫灾害;(4)过旺苗灾害等。

42. 小麦冬前苗期低温霜冻灾害(初霜冻害)发生的时间、特征及类型各是什么

初霜冻害发生在小麦出苗至越冬这一阶段。由于秋末强寒潮侵袭,日最低气温突然降至 0 ℃ 以下,使小麦遭受的冻害

称为初霜冻害(或称早霜冻害、秋霜冻害)。小麦苗期初霜冻害是我国小麦生产上的主要农业气象灾害之一,在华北平原、黄土高原、新疆北部都有发生。特别是黄淮及北方麦区,发生次数多、面积大、危害重,严重影响和制约我国的小麦生产。如 2003 和 2005 年,我国冬小麦主产区 80 多万 hm^2 小麦遭受初霜冻害,近 10 万 hm^2 麦田几乎绝产。

我国小麦初霜冻害的发生时间:我国小麦初霜冻害发生时间随地理纬度和海拔高度而变,地理纬度和海拔高度越高,初霜冻害发生时间越早。长城以北地区,初霜冻 9 月上旬到 10 月上旬开始;黄河及淮河流域,初霜冻 10 月中旬到 11 月上旬开始;而在长江流域,初霜冻 11 月下旬到 12 月上旬开始;华南及青藏高原无明显霜冻。

我国小麦初霜冻害的特征:在小麦苗期,当寒潮袭来时,地面或近地层最低气温突然降至 0 ℃ 以下、叶面最低温度降至 $-3 \sim -5$ ℃ 时,使小麦遭受伤害或死亡的现象,为小麦初霜冻害。发生霜冻时可能有霜,也可能无霜。有霜的霜冻叫白霜,无霜的霜冻叫黑霜或暗霜。初霜冻害使小麦部分叶片中的水溶液开始结冰脱水,叶尖干枯。当最低气温突然降到 $-3 \sim -5$ ℃ 时,小麦大部分叶片及部分地上茎中的水溶液开始结冰受冻,造成麦叶青枯、部分茎受损,显著影响小麦的产量;如此时有更强寒潮或低温侵袭,不仅可使小麦叶、茎、蘖组织中的水溶液结冰,还可使该组织中细胞原生质脱水至细胞间结冰,造成细胞机械损伤而受害,或细胞脱水过多使原生质浓度过大而中毒死亡,从而使得小麦遭受更加严重的冻害。特别是早播过旺苗,可冻坏幼穗生长锥,对产量造成严重影响,因为此时麦苗虽已通过春化阶段,但尚没有经过更低温度的耐寒锻炼,抗寒能力仍较弱。

我国小麦初霜冻害的类型：根据霜冻形成的天气条件，可分为平流型霜冻、辐射型霜冻和混合型霜冻。平流型霜冻，又称"风霜"，是指北方强冷空气（寒潮）南下，引起大范围降温至0或0℃以下，使小麦遭受伤害，这种霜冻危害范围大（可达几十至几百平方千米），持续时间长（可达3～4天），并且地势较高和坡地迎风面小麦受害较重。辐射型霜冻，又称"静霜"，发生在没有明显寒流、晴朗无风的夜晚，主要由于地面和小麦叶面强烈辐射散热使得大气降温至0℃以下而引起的霜冻灾害。辐射型霜冻对平原、洼地、盆地、谷地小麦危害较重。混合型霜冻是指在既有强冷空气入侵引起的平流降温，又有夜间晴朗无风引起的辐射降温的情况下，两者结合形成剧烈降温至0℃以下，使小麦遭受冻害。目前对小麦危害较多、较重的就是此种混合型霜冻，而且霜冻发生后，温度回升越快小麦受害越重。

43. 减轻小麦初霜冻害的技术措施有哪些

（1）选用抗寒品种，搞好品种合理布局。通常冬性强的品种耐寒性较强对霜冻的敏感期出现较晚，有利于躲过霜冻，但在我国小麦主产区，冬性很强的品种往往穗型小，茎秆细弱，不利于高产。因此，对于经常遭受霜冻害的地区，应适当增加耐寒性较强的冬性、半冬性品种的种植比例，其他地区则适当放宽冬性要求。

（2）确保适时、适量播种。生产实践证明，凡冻害减产严重的地块，多半是播种过早或播种量过大的地块。特别是苗期气温偏高的年份，麦苗生长过快，群体过大，加上春性强的品种易提早拔节,甚至出现年前拔节的现象,因而极易遭受冻害。为了有效避免或减轻小麦冻害,小麦产区应根据气象部门的当年小麦适宜播种期预报,适时、适量播种,培育出耐寒抗寒力强的壮蘖、壮苗,以避免或减轻霜冻的危害。通常是先播冬性较强的品种,后播春性较强的品种。

(3)提高整地质量和播种质量,培育出壮苗,提高其抗寒性能。实践证明,土壤结构良好,整地精细、平整、质量高的小麦田块受冻害轻;土壤翘空漏气、龟裂缝隙大的田块受冻害重。机播条播的田块由于播种深浅一致,出苗齐、匀、壮,群体与个体生长协调,因而受冻害轻;撒播、浅播、过深播种的田块受冻害重。所以,提高整地、播种质量也可有效减轻冻害。

(4)灌水防霜冻。由于水的热容量比空气和土壤的热容量大,麦田灌水能使近地面层空气中的水分增多,水分在降温凝结时放出潜热,从而可减小地面降温幅度。同时灌水后土壤水分增加,土壤导热能力增强,使得土壤热容量增大,能够让土壤保持较高的温度和稳定度。据观测,霜冻前灌水,可提高麦田近地面层温度 $2\sim4\ ℃$,使霜冻危害程度明显减轻。

(5)中耕松土。霜冻出现前和出现后及时中耕松土,都能起到保墒、增温、减轻霜冻害的作用。

(6)镇压。对麦田适时、适量镇压有调节土壤水分、空气和温度的作用。镇压能破碎表层土块,踏实土壤,增强土壤毛细管作用,提升下层水分,调整土壤空隙度,镇封土壤裂缝,防止冷空气侵入土壤,增大土壤热容量和热导率,平抑低温,增强麦田耐寒、抗冻、抗旱能力,减少冻害和越冬死苗。

具体镇压方法应结合土质、墒情、苗情和天气灵活掌握。盐碱地不能镇压,镇压后易引起返盐,恶化土壤环境,影响麦苗生长;土质黏重、表土板结干硬的麦田不宜镇压,以免对麦苗损伤过重,反而加重霜冻危害;漏风黏土地透风跑墒,可重压;风沙土地易跑墒、吊根,应重压;整地质量差、土壤翘空应重压;土壤墒情差的麦田应重压;过旺苗应重压;苗大无蘖应重压。在以上情况下,采用重压措施,都能不同程度地减轻霜冻危害。

冬前镇压,一般应在封冻前的晴天下午进行,因为此时麦苗含水量低、柔韧性强,地表含水量少、温度较高,所以镇压后小麦受机械损伤最轻,而且地表土碎密实,有利于土壤毛管水上调,减少地表水蒸发,具有防旱、防寒、防冻、保根、保苗及护蘖的作用。

对过早苗和过旺苗,在冬前小麦拔节前镇压,可推迟拔节或不拔节,从而躲过初霜冻害。试验表明拔节前3天镇压效果最好。但对长势较弱的麦苗,则不宜镇压。另外,苗情不同镇压的力度也应不同,旺苗可适当早些重些镇压,生长正常的麦苗要适当晚些、轻些镇压或不镇压。

(7)覆盖和增施磷、钾肥。在霜冻出现前,将粉碎的作物秸秆或农家肥撒入麦田行间,可起到保温、保墒、保护分蘖节不受冻害的效果,同时还可以起到防杂草、防次年麦苗旺长的作用。增施磷、钾肥能增加麦苗体内磷、钾元素的含量,增强抗寒性能。

(8)小麦遭受霜冻害后的补救措施。对一般遭受不太严重霜冻害的麦田,墒情差的应及时浇小水,通过增水、增湿、增温,改善麦田土壤和株间小气候条件,从而保证根系和植株耗水,缓解和减轻霜冻危害。如果冻害后麦田发生严重死苗现象,每公顷茎蘖数少于300万(相当于每亩少于20万)的麦田,应尽早全部补种;对点片死苗的麦田,可催芽补种或行间串种。对每公顷存活茎蘖数超过300万且分蘖较均匀的麦田,除适时补种外,应加强对存活麦苗的管理,主要采取及时浇水、追施速效肥、喷施磷酸二氢钾等活性物质、中耕松土、增温、保墒等措施,促进受冻麦苗尽快恢复生长。

对晚播弱苗受霜冻麦田,可及时撒施农家肥,以减少夜间地面辐射散热,从而对土壤和麦苗起保温作用;白天可多吸收太阳辐射使土壤增温,以利于霜冻后小麦迅速恢复生长。对于越冬前已拔节却遭受霜冻害的麦田,应抓紧晴天进行镇压并及时补水、补肥,以促进根系、分蘖、小分蘖的生长发育,争取较高产量。

(9)改造局地小气候。要想从根本上改变寒潮低温的强度和范围问题,目前人力还难以实现。但是局部的、在一定范围内影响和改变冷空气的强度和范围还是可能的。如建造大型人工防护林、大型水库、草地、封山育林等,能在较大范围内改善空气的温度、湿度、风力等状况,有效减轻低温霜冻的危害程度。

44. 小麦冬前苗期干旱是怎样发生的,现有哪些防旱抗旱技术措施

小麦苗期干旱的发生: 受大陆性季风气候的影响,我国北方及黄淮海麦区春秋季常常出现少雨干旱的现象,故有"十年九旱"和"春旱、夏涝、晚秋又旱"的谚语。所以,这些地区从小麦播种至苗期的晚秋初冬阶段,经常发生干旱危害。播种至苗期,往往由于副热带高压南撤过快,北方干冷空气频繁南下,出现少雨干旱天气,空气相对湿度低,进而引起土壤干旱,使土壤湿度降至田间持水量的60%以下,常常因旱造成小麦"种不下、出不来"、"抢下种、出不全"的缺苗断垄局面。由于

苗期出现干旱将直接影响小麦根系发育,影响茎、叶和分蘖的生长,使得冬前难以形成壮苗、壮蘖,也易遭受冻害,对小麦最后产量造成严重影响。

防御小麦冬前苗期干旱的技术措施:

(1)及时灌水。在一般年份,要获取高产优质的小麦,要在小麦苗期浇好越冬水,在小麦苗期出现干旱的情况下,更应浇好这次水,及时灌水是防旱抗旱最重要、最及时、最有效的技术措施。但是有水时好浇,无水或少水时难办,这就需要及早大兴农田水利,大搞农田水利基本建设,大建地上或地下水库、塘坝,积存雨水,减少地表径流;大搞引黄、引河灌溉;在地下水资源丰富的地区,大力打机井抽水灌溉。同时也要注意节约用水,发展喷灌、滴灌等节水灌溉技术,最大限度地提高水的利用率和转化率;搞好封山育林和绿化造林,蓄积雨水,减少蒸发,减轻旱灾。

(2)积极开展秋季人工增雨作业。多年来秋季人工增雨作业的实践证明,只要人工增雨作业的时机、条件、方法适当,作业的效果是显著的,一般可增加降水量 10%～20%。

45. 小麦冬前苗期容易发生哪些病虫害,应如何防治

我国小麦主产区苗期主要病害有叶锈病、条锈病、白粉病、叶枯病、纹枯病和病毒病等;主要虫害有红蜘蛛、地下害虫和麦蚜虫等。这些病虫害都可能对小麦的产量造成严重影响。如小麦真菌病类的小麦条锈病,主要发生在我国西北、西南、华北和黄淮海麦区,历史上曾多次流行并造成重大损失,且发病越早为害越重,一般病田可减产 20%～30%,严重地

块可减产70%以上。再如小麦白粉病,是一种世界性的小麦病害,我国麦区该病的发生几率也逐年增加,目前已有20多个省(自治区、市)普遍发生,以西南麦区和河南、湖北、江苏、安徽、山东、河北等省发病较重,一般减产10%左右,严重地块减产可达20%~30%。小麦纹枯病也是一种世界性的小麦病害,20世纪80年代以来,我国小麦主产区河南等省份成为发病面积最大的区域之一,对产量影响很大,一般减产10%~20%,严重地块减产30%以上。小麦全蚀病也是一种世界性的小麦病害,我国以山东、河北、甘肃、内蒙古、陕西、山西、河南等省(自治区)发生情况严重,一般减产20%~30%,严重的减产可达50%以上,甚至绝产。此外,还有小麦赤霉病、黄矮病、丛矮病等病害,以及红蜘蛛、地下害虫、蚜虫等虫害,严重时都会对小麦产量造成严重影响,也必须及时进行防治。

具体防治技术措施:

(1)农业防治。农业防治又称栽培防治,是小麦病虫害防治的基础。主要内容有:

①选用无病健康种子并且合理轮作。轮作适于防治土壤传播的疾病,如小麦全蚀病、胞囊线虫病、土传花叶病等。

②合理进行肥水管理,增强小麦抗病虫害的能力。如氮肥使用过量,易引发纹枯病、白粉病、锈病,应增施磷、钾肥。适时、适量播种,由于播期过早、播量过大,造成田间群体过大、通风透光不良、麦苗黄弱,易于引发小麦白粉病、锈病、叶枯病、纹枯病和病毒病。

③加强田间管理。如利用浇封冻水有效控制小麦红蜘蛛的发生。而防治小麦条锈病的措施为:选育和种植抗病品种,加强栽培管理,避免过早播种,可降低秋苗发病率;施足基肥,

早施追肥,增施磷、钾肥,合理密植,减小田间湿度等,可降低病害传播速度和为害程度。

(2)化学防治。利用化学农药防治小麦病虫害,是当前防治病虫害的关键技术措施。但要注意的是必须选用适当的农药品种,根据病虫害的发生、为害规律适时、适量用药。

如药剂防治小麦条锈病的措施为:可用三唑酮,按种子量0.03%的有效成分拌种,或利用2%的立克秀湿拌剂以1：(500～1000)的药种比例拌种,可有效控制小麦秋苗发病,播种后45天仍可保持90%的防治药效。

同时还要推广一药多防的技术,即一次用药能防治多种病虫害,由此可减少施药次数、用量,降低成本。如利用辛硫磷和敌萎丹复合拌种,可预防纹枯病、全蚀病、条锈病、黄矮病、白粉病、麦蚜虫、地下害虫等。

(3)植保部门协同农业气象部门及早做好防治小麦病虫害的预测和预报工作。

46. 如何防治小麦冬前出现过旺苗(或称旺苗)

过旺苗的特征和成因:过旺苗是指群体过大、个体生长发育过快、瘦弱、细长,或冬前就开始起身拔节的麦苗。造成小麦过旺苗的原因有:苗期气温偏高,引起小麦旺长;播种过早,造成小麦冬前生长期过长形成过旺苗;播种量偏大,造成基本苗太多、群体过大、亩总茎数达80万以上,形成过旺苗;品种春性强,生长发育快,易形成过旺苗。小麦过旺苗,易遭受旱害、冻害和病虫害,易转化为弱苗,易发生倒伏。

防治旺苗的主要措施有:冬前镇压,可抑制叶片、叶鞘生长,控制分蘖过多过快增长。最好在晴天午后镇压,一般过旺苗麦田镇压1~2次即可。中耕划锄,应在封冻前划锄,深度可达10 cm左右,切断部分根系,抑制麦苗旺长。化学调控,对旺长严重的麦田,适当喷施植物生长延缓剂(如壮丰胺、多效唑等),控制麦苗旺长。

47. 小麦越冬阶段主要有哪些农业气象灾害

(1)低温冷冻害。小麦越冬期间,我国北方及黄淮海麦区由于受北方强寒潮的影响,小麦常会遭受不同程度的冷冻灾害,具体情况为:

①轻冷冻害:小麦越冬期间,由于苗期经过一定的抗寒锻炼,当出现-10 ℃左右的低温寒潮天气时,小麦受冻害较轻,一般是部分叶片受冻干枯;

②中冷冻害:小麦越冬期间如果出现-15 ℃低温寒潮时,小麦不仅大部分叶片受冻干枯,部分分蘖也会遭受冻害;

③重冷冻害:如果出现-20 ℃以下的强寒潮低温时,则会使小麦遭受更为严重的冻害,大部分分蘖和部分植株受冻死亡,特别是出现大风干冷的寒潮时,土壤干裂会加重,使小麦受害更重,可造成大批麦苗死亡,严重影响小麦产量。

在越冬期间,如果出现冻融交替的情况,即来一次寒潮后又出现一段时间的回暖天气,这会使小麦的抗寒性增强后又降低,如果再遇到强寒潮时小麦受冻害会更重。

(2)暖冬病虫害。在小麦越冬期间,有些年份温度偏高,极端最低温度在-10 ℃以上(即所谓的暖冬年份),在北方黄淮麦区,小麦越冬一般不会受冻害或受害较轻,而且小麦还在缓慢生长。这种情况下,往往病虫也能顺利越冬,造成越冬后小麦病虫害加重,故暖冬后更应加强小麦病虫害的防治。

(3)越冬干旱。入冬后,由于气温较低,小麦生理活动减缓,所以耗水量减少。越冬至返青阶段,耗水量约为 20 m³/亩,仅为全生育期耗水量的 6%～8%。虽然耗水较少,但小麦缺水也难以生存。受季风气候影响,我国北方及黄淮麦区,冬季常常干冷多风,雨雪稀少,所以小麦越冬期间也常遭受干旱危害。

48. 小麦越冬阶段应采取哪些农业气象技术措施

(1)适时冬灌。小麦开始进入越冬阶段时,如果土壤墒情较差就应及时进行冬灌,因为冬灌不仅可以缓解旱情,满足小麦需水,还能有效减轻或避免越冬冻害,保护小麦安全越冬,同时有利于小麦的冬后返青。冬灌时间最好选在昼融夜冻或上冻下渗的时候。灌水后不要形成地表积水,以防结冰。

(2)麦田镇压。冬前没镇压过而且有土块、裂缝、旺苗的麦田,应选晴好天气进行麦田镇压,以防旱、防冻、保苗。

(3)撒有机肥。入冬后顺麦垄撒施有机肥料,盖住分蘖节,达到增温保墒、防旱防冻保分蘖的目的。

(4)开展人工增雪。在有条件的地区积极开展人工增雪作业,增雪效果显著。其技术方法基本与冷云人工催化增雨作业相同,只是作业层高度更低,因为冬季云中 0 ℃层、负温层高度比秋天更低。

49. 小麦返青至拔节阶段的主要农业气象灾害有哪些

小麦返青至拔节阶段的天气特点是冷暖变化较大,冷空气活动仍较频繁,大气降水较少,大风日数增多,土壤增温和失墒加快,霜冻、干旱和病虫灾害经常发生。

霜冻灾害:该阶段小麦霜冻害发生时间,在黄河以北地区多出现于4月上中旬,黄河及淮河流域3月上中旬,长江流域多出现于2月中下旬。此阶段的霜冻灾害往往发生次数较多,有时危害较重,因为此时小麦的抗寒能力已大大降低。

干旱和病、虫灾害:由于冬春降水稀少,开春小麦返青后升温较快、大风增多、土壤失墒加快,故小麦经常发生旱情,小麦病虫害也开始发生发展,应当及时采取防旱、抗旱及防治病虫害措施。

50. 小麦返青至拔节阶段主要应采取哪些农业气象技术措施

抗旱保墒措施:北方麦区小麦返青时应顶凌耙地,以疏松破碎表层土壤,可起到增温、保墒、压盐碱的作用。对已浇过越冬水或土壤墒情尚好的麦田,可以不浇返青水,但也应及时划锄耧地,增温保墒。对于缺肥、黄弱苗麦田,可趁春季解冻返浆之机,开沟追肥。对于冬春雨雪较少、底墒不足的麦田,应选在夜冻昼融时的白天及时浇返青水,并在浇水后适时划锄松土,防止土壤板结。

抗冻补救措施:对于秋冬遭受过冻害的麦苗,早春要及时划锄,增温保墒,促苗早发。对遭受严重冻害至3月份才决定需要翻种的麦田,要及时改种春播作物,如春棉花、春花生、春甘薯等。对于受冻旺苗和过旺苗麦田,应于返青初期用耙子狠搂枯叶,促使麦苗新叶见光,尽快恢复生长。同时应在日平均气温升到3℃时,适当早浇返青水,并结合追肥促进新根、新叶、新蘖生长,争取较高产量。如此时发生较重霜冻,最好结合灌返青水和拔节水进行灌水防御春霜冻。

51. 小麦拔节至抽穗阶段有利和不利的农业气象条件是什么

有利的农业气象条件:该阶段气温逐渐升高,有利于促进小麦迅速生长发育。小麦拔节期的适宜温度为日平均气温12～16℃,孕穗期的适宜温度为日平均气温15～17℃,抽穗期的适宜温度为日平均气温16～20℃,在此温度下小麦生长发育快速且健壮。此时的气温日较差增大,日照时间延长,光照强度增强,也都有利于小麦光合产物的生产和积累,为小麦的高产优质打下好的基础。

不利的农业气象条件:该阶段出现过低或过高温度都不利于小麦的生长发育,当小麦拔节期出现低于8℃或高于30℃、孕穗期出现低于9℃或高于31℃、抽穗期出现低于10℃或高于32℃的温度时,都会阻碍小麦的生长发育,严重时会使小麦受害。该阶段降水稀少,大风日数较多,土壤蒸发量大,干旱经常发生;冷空气活动仍较频繁,终霜冻危害仍较严重;小麦病虫害发生较多、危害较重。这些条件对小麦生长发育都是不利的,此阶段可能出现的主要灾害如下:

(1)干旱灾害。小麦的拔节、抽穗期正是小麦的需水关键期,但同时也是北方麦区的春旱严重期。干旱灾害,不仅影响小麦春季分蘖和有效穗数,而且直接影响小麦的小穗、小花分化,不利于穗大、粒多,对小麦产量造成不良影响。

(2)渍涝灾害。在我国长江中下游等南方麦区,在小麦生长中期还经常发生较严重的湿(渍)害,有时还会发生涝灾。所谓小麦湿(渍)害是指土壤水分达到饱和或过饱和影响小麦正常生长发育而减产的灾害;小麦涝灾是指麦田地面有积水且积水淹没小麦植株部分或全部使小麦受害或死亡的灾害。造成该地区小麦湿(渍)害的主要原因是小麦生长中后期降水过多,降水量一般达到500~800 mm,大大超过同期小麦正常需(耗)水量,使土壤水分长期处于饱和、过饱和或地面积水状态,造成湿(渍)涝灾害。另一方面,由于该麦区稻麦两熟耕作制和种植方式的大面积推广,由于前作水稻土壤浸水时间长、土壤黏重、渗水困难、透气性差,从而易于造成小麦湿(渍)害。

(3)终霜冻灾害。终霜冻也称春霜冻或晚霜冻,主要出现于北方麦区春季3—4月份,该时段有北方强冷空气侵入,空气温度骤降至0 ℃以下,使拔节后的小麦遭受较严重的霜冻危害。

52. 小麦拔节至抽穗阶段的主要病虫灾害有哪些

白粉病:小麦白粉病是我国小麦生长后期经常发生且为害较重的病害,尤其是在高产麦区,由于植株生长量大、密度高,在田间湿度大、通风透光不良时更易发生。白粉病受温度影响较大,在0~25 ℃条件下均能发生发展,在此范围内随温度的升高发展速度加快。发病后光合作用降低,导致叶片干枯、成穗率低、穗粒数减少、千粒重下降,一般减产10%以上,严重时减产50%以上。

红蜘蛛: 旱地麦田的拔节至孕穗期,正是红蜘蛛为害高峰期,在北方及黄淮麦区,以麦长腿蜘蛛为害为主,主要发生在地势高燥的干旱麦田;在长江中下游及南方麦区,以麦圆蜘蛛为害为主,主要发生在地势低洼、地下水位高、土壤黏重、植株密度大、通风透光不良的麦田,为害较重。受害植株叶片变黄、植株矮小、穗小、粒少,严重时全株死亡,对产量造成严重影响。

53. 小麦拔节至抽穗阶段应采取哪些农业气象技术措施

这一阶段的农业气象指标要求是:根据苗情,适时适量地运用水肥管理措施,协调地上部与地下部、营养器官与生殖器官、群体与个体的生长关系,促进分蘖向有利于增加有效分蘖的方向发展,创造合理的群体结构,实现秆壮、穗多、穗齐、穗大、粒多,并为后期生长奠定良好的基础。该阶段应采取的主要技术措施为:

(1)巧用水肥,促控结合。由于此时北方及黄淮麦区,正值早春雨少、风大、蒸发量大的春旱缺水时期,对群体较小、苗弱麦田,要适当提早浇拔节水、施拔节肥,提高分蘖成穗率;但对过旺苗、群体过大麦田,要控制水肥。在返青期浇过水、追过肥及旺苗、壮苗麦田,可推迟拔节水肥,到第二节伸长后再浇拔节水、追施拔节肥。对中等肥力和一般苗情麦田,应及时浇拔节水、施拔节肥。对旺苗田、高产壮苗田及独秆栽培的麦田等还应在孕穗前及时浇水。在孕穗期是否需追肥,要因苗而异,起身拔节期已追过肥的可不追,麦叶发黄、氮素不足及株型矮小的麦田,可适量追施氮肥。

(2)及时镇压、中耕。在小麦第一节露出地面 1 cm 时进行镇压,深中耕切断浮根,以控制小麦旺长。旱地麦田拔节前要进行中耕、除草,从而增温、保墒。

(3)适时化控。肥水较好麦田,可在拔节前采用化学调控,适当喷施植物生长延缓剂(壮丰胺、多效唑等),控制麦苗旺长,缩短基部节间,降低株高,防止倒伏。目前生产上应用较多的是 20% 壮丰胺乳油,每公顷用量 450～600 ml(即每亩用量 30～40 ml),加水 450～600 ml 混匀,进行叶面喷洒。可以促进分蘖两极分化,改善群体下部通风、透光条件,防止因过早封垄而发生倒伏,减轻病虫害的发生发展。

(4)防治病虫害。

①小麦白粉病的防治:

选用抗病品种,如:郑州 831、白兔 3 号、百农 64、鲁麦 14 号、冀麦 5418、宁 7840、徐州 8785、宁麦 3 号、内乡 991、新麦 18、郑农 16、郑麦 9023 等;也可选用慢粉性小麦品种,如豫麦 2 号、豫麦 15 号、豫麦 41 号、宁 9131、皖 91590;还可选用耐病品种,如铁青 1 号等。

农业防治:适时适量播种,控制田间群体密度,改善田间通风透光条件,增强植株抗病能力;控制氮肥,增施磷、钾肥,培育壮苗,提高抗病力;合理灌水,降低田间湿度,减轻病害;旱时灌水,促进植株生长,增强抗病力;麦收后深翻土壤,清除病株残体,减少病源。

药剂防治:常用药剂有 15% 三唑酮可湿性粉剂、12.5% 烯唑醇可湿性粉剂、25% 敌力脱(丙环唑)乳油、43% 戊唑醇悬浮剂等,一般喷药一次即可。

②小麦红蜘蛛的防治:除农业防治外,重点防治措施是药剂防治,在拔节、孕穗期间,百株螨(红蜘蛛)量达500头以上时,每公顷用15%立杀螨乳油525~600 ml,或2%灭扫利乳油300~450 ml,或15%哒螨灵乳油225~300 ml,或15%扫螨净乳油150~225 ml,或1.8%阿维菌素300 ml,加水750 L混匀,常规喷雾防治。

(5)积极开展春季人工增雨作业。利用飞机、高炮等向含水较多的云层(云体)发射适量催化剂(碘化银、干冰、尿素等),促进云中水汽凝结,从而形成水滴降落到地面,一般可增加10%~20%的降水量。

54. 小麦拔节后终霜冻灾害的发生和危害情况如何

我国大部冬麦区在小麦拔节至孕穗期间,仍会有较强的冷空气侵袭,使最低温度骤降至0℃以下,由于此时小麦已经通过春化和光照阶段,从营养生长转为生殖生长为主,其抗寒能力显著降低,丧失了抗御0℃以下低温的能力,当寒潮低温霜冻出现时,就会使小麦遭受冻害。

我国麦区由于所处的纬度和地理条件不同,终霜冻发生的时间也不同。长城以北的西北、内蒙古和东北等地区,终霜冻出现在4月中旬至5月中旬;长城以南的黄淮海平原地区,终霜冻出现在3月中旬至4月上中旬;长江流域,终霜冻出现在2月下旬至3月中旬。

我国冬麦区不同区域、年份和低温强度,小麦受终霜冻危害的程度也不同。当寒潮侵袭,使最低气温降至0~-2℃

时,小麦会受轻霜冻害,部分茎叶受冻干枯,冻害减产率小于10%;当最低气温降至-2~-4℃时,大部分茎叶受害,生长点部分冻坏,冻害减产率约10%~30%;当最低气温降至-4℃以下时,小麦将遭受重霜冻害,不仅植株细胞间隙结冰,而且细胞原生质凝固,大部分生长点和小穗冻坏,一般造成小麦减产30%以上。

近年来由于晚茬麦增加,半冬性、偏春性小麦品种增多,小麦遭受终霜冻害的几率和程度增高,已成为影响小麦产量的重要因素。2007年小麦主产区在3—4月份又连续发生两次大面积终霜冻害,使小麦生产遭受严重损失。

55. 防御小麦终霜冻害的有效技术措施包括哪些

(1)选用抗寒能力强的冬性、半冬性小麦高产品种。对于经常发生终霜冻危害的地区,还应选用和搭配耐晚播、拔节较晚而抽穗不晚的小麦品种以减轻霜冻危害。

(2)麦田灌水防御终霜冻。在霜冻出现前1~3天进行麦田灌水防御霜冻,若能够结合灌拔节水或孕穗水进行防霜冻更好,既可满足小麦水分需求,又可增加麦田土壤湿度、温度及株间湿度。据调查,霜冻前灌水可提高近地面温度2~4℃,地面温度日振幅减小8℃,可显著改善农田小气候条件,减轻终霜冻的危害。

(3)熏烟防霜冻。在霜冻即将出现时点燃发烟物,使其发热、发烟形成烟幕,可减少麦田热量辐射,减轻霜冻危害。近年来采用燃烧化学烟幕弹,其烟幕浓度大、范围广、持续时间长,防霜冻效果更好。

(4)喷洒活性物质。对于霜冻前麦田或霜冻后受冻害不太重的麦田及时喷洒磷酸二氢钾等活性物质,可有效减轻霜冻的危害。

56. 小麦抽穗至黄熟阶段有利和不利的农业气象条件是什么

有利的农业气象条件:小麦开花期适宜的温度为18~24 ℃,灌浆至黄熟期的适宜温度为18~22 ℃。小麦抽穗至黄熟期间,我国小麦主产区的热量资源较好,温度条件能满足小麦需求,光照条件也较好,多晴好天气,有较充足的光照。小麦抽穗至黄熟期间我国大部麦区的日照时数为200~300小时,西藏最高为400~500小时,对小麦干物质积累和增产有利。我国大部麦区有较好的农田水利灌溉条件,有适宜的土壤水肥条件,这些都对小麦的抽穗、开花授粉和子粒灌浆成熟有利,对形成较高的小麦产量和品质有利。

不利的农业气象条件:在北方及黄淮麦区,这段时期的降水量偏少,不能满足小麦后期耗水需求,也常出现不同程度的干旱、干热风灾害。小麦开花期间,有时也会遇有10 ℃以下的低温或30 ℃以上的高温,会影响授粉,使穗粒数减少。有些高温年份,小麦灌浆期间平均气温高于24 ℃,使灌浆期缩短至25~30天,造成小麦千粒重下降。当最高气温达到30~35 ℃时,还会出现小麦干热风或高温逼熟现象,造成小麦减产,但如出现低于12 ℃的低温时,对小麦的灌浆也不利。此外,该阶段还可能发生病虫害和风雹灾害,也常使小麦生产遭受严重损失。而长江中下游及其他南方麦区,该阶段则往往降水偏多,经常出现湿(渍)涝灾害,严重影响小麦的产量和质量。

57. 小麦抽穗至黄熟阶段干旱灾害的发生及危害情况如何

在我国北方及黄淮麦区,小麦抽穗至黄熟阶段正值雨季前的高温旱季,降水偏少,大气和土壤蒸发力强,经常出现大气干旱和土壤干旱,此时植株蒸腾加快,耗水量变大,当土壤含水量降至田间持水量的60%以下时,根系从土壤中吸收的水分远不能满足小麦生长发育的需求,从而发生小麦干旱灾害,直接影响小麦正常开花结实和光合产物的形成、转运和分配,使小麦灌浆期缩短,影响粒重,导致小麦早衰减产;当土壤含水量降至田间持水量的40%以下时,将使小麦发生严重干旱,可造成小麦干枯死亡,严重减产。

58. 小麦后期病虫害的发生和危害情况如何,怎样防治

小麦后期发生的主要病虫害有白粉病、锈病、蚜虫、黏虫、红蜘蛛、吸浆虫等,它们都会导致小麦粒重的显著下降从而造成减产。

锈病:小麦锈病也称黄疸病,分条锈、叶锈、秆锈。锈病可由越冬病菌直接侵染或靠气流把病菌从远处传来侵染。春季气温偏高和多雨年份、植株密度较大、株间湿度较大时发病较重。条锈病后期严重时也会为害叶鞘、茎秆和穗部,一般可引起减产20%以上。

防治措施:选用抗锈病小麦品种,如:抗条中30,31,32号

等;农业防治措施与白粉病防治基本相同;药剂防治,用15%三唑酮可湿性粉剂900~1 000 g,或12.5%烯唑醇可湿性粉剂450~600 g,加水900 L喷雾防治。

全蚀病:小麦全蚀病是一种典型的根部病害,又叫立枯病、黑脚病,在土壤温度达到12~18 ℃时适于侵染,抽穗后可引起根系腐烂、病株早枯,形成白穗,一般病田可减产20%以上。

防治措施:①禁止从病区引种。对可能带病的种子用51~54 ℃温水或0.1的甲基硫菌灵浸种10分钟,可杀死种子表面的病菌。②合理轮作。每1~2年与水稻、棉花、蔬菜、大豆、马铃薯、油菜等非寄主作物轮作一次。③土壤处理。播种前每公顷用70%的甲基托布津可湿性粉剂30~45 kg加细沙土300~400 kg拌匀,均匀施入播种沟内。④药剂拌种。用20%粉锈宁乳油按种子量0.03%~0.05%有效成分拌种,或用种子量0.2%的20%立克秀和50%多菌灵混合拌种,对防治全蚀病、纹枯病和根腐病均有较好作用。

黑穗病:分为腥黑穗病、散黑穗病和秆黑粉病。扬花期若空气湿度大且阴雨多,发病就重。在我国冬麦、春麦区都有发生,长江冬麦区和东北春麦区发生严重。主要为害穗部形成黑包,一般病株主茎和分蘖全部抽出黑穗,可减产10%~20%。

防治措施:①选用抗病品种。②建立无病种子田。③每100 kg种子用2%立克秀干拌剂或湿拌剂有效成分2~3 g拌种,也可用种子重量0.15%~0.2%的20%三唑酮(粉锈宁)或0.2%的40%福美双等药剂拌种和闷种。

麦蚜虫:蚜虫,又名腻虫,是为害小麦的重要害虫。蚜虫刺吸小麦汁液,致使麦叶卷曲、灌浆受阻、子粒秕瘦,造成严重减产。小麦灌浆期是蚜虫发生数量最多、为害最重的时期,小麦蜡熟期会大量产生有翅蚜飞离麦田。麦蚜虫还会传染小麦黄矮病毒。蚜虫对气象条件的要求是:麦长管蚜喜光、耐潮湿,多在植株上部叶正面和穗部繁殖、为害;麦二叉蚜喜旱、怕光照,多分布在植株下部及叶背面;禾缢管蚜喜湿、怕光,主要为害茎秆和叶鞘。

防治措施:除农业和生物防治外,主要依靠药物防治。在非黄矮病流行区,主要是防治穗期蚜虫;在扬花灌浆初期,百株蚜量超过500头,天敌与麦蚜比在1∶150以下,就要及时喷药防治。每公顷可用50%抗蚜威120～150 g,或10%的吡虫啉可湿性粉剂300～450 g,或3%啶虫脒乳油300～450 ml,或2.5%敌杀死乳油225～300 ml,加水750 L混匀喷雾。

59. 小麦后期干热风灾害的发生和危害情况如何

小麦干热风的发生原因:小麦干热风(又称火风)是我国北方和黄淮麦区在5—6月份小麦灌浆、成熟阶段较常发生的一种农业气象灾害,干热风往往发生于较强的暖高压大气系统控制之下,连续几天天气晴朗高温,并伴有较大的西南风,造成大气和土壤干旱,使小麦灌浆受阻、子粒干瘪,致使小麦受害减产。

小麦干热风的危害机理:在干、热、风三种气象因子的共同作用下造成麦田土壤水分大量蒸发和小麦植株水分强烈蒸腾,小麦根系吸水不能补充茎叶的蒸腾耗水,从而引起小麦体内水分失调,茎叶发生萎蔫。严重时可导致茎叶细胞迅速脱水、蛋白质被破坏、细胞壁受损、电解质大量外渗,引起茎叶青枯、芒穗灰白,严重影响小麦灌浆,造成粒重和产量下降。

小麦干热风的危害程度:我国北方冬麦区受干热风的危害较重,常会造成小麦严重减产。如1964年陕西关中地区小麦受干热风危害减产达35%,1982年北方麦区受干热风危害面积达1 400万 hm^2,占播种面积的71%,小麦减产约36亿kg。

影响干热风危害程度的主要因子:干热风对小麦的危害程度与干热风的强度和持续时间有关,干热风强度越强、持续时间越长,危害越重。同一次干热风因小麦品种、生育期、土壤质地、土壤湿度、管理技术措施等不同而危害程度不同。一般来说,抗逆性强的品种和早熟的品种受害轻,抗逆性弱的品种和晚熟的品种受害重;处在蜡熟、黄熟期的小麦受害轻,处在乳熟期的小麦受害重;种植在壤土、黏土地的小麦受害轻,丘陵、沙岗薄地、盐碱地的小麦受害重;土壤墒情好的受害轻,墒情差的受害重;适期播种成熟早的小麦受害轻,晚播晚熟的小麦受害重;增施磷、钾肥,早施氮肥的受害轻,过量或晚施氮肥、贪青晚熟的小麦受害重;浇灌浆水的小麦受害轻,不浇灌浆水的受害重。

小麦干热风危害等级和气象指标:通过农业气象等专业部门多年的观测研究总结得出干热风的强度等级、气象指标、受害程度及症状。①轻干热风日:日最高气温大于30 ℃,叶面层温度大于32 ℃,空气相对湿度小于30%或空气饱和差大于3.2 hPa,风力大于3级或风速大于3 m/s。在此情况下,小麦植株叶片开始萎蔫,出现炸芒和叶尖干枯现象,影响小麦灌浆,造成轻度减产。②重干热风日:日最高气温大于33 ℃,空气相对湿度小于27%,风力大于4级。小麦部分茎叶青枯、穗灰白、粒干瘪,一般减产10%以上。如果干热风的强度更高,则小麦受害会更重。

60. 有效防御小麦干热风的技术措施有哪些

(1)灌水防御措施。在干热风出现前1～2天及时给麦田浇水,能结合浇小麦灌浆水更好。浇水量应结合墒情和小麦阶段耗水量确定,最好选在晴朗无风的天气浇水。在干热风出现前1～2天浇水,不仅能保证干热风强烈时的土壤水分蒸发和植株蒸腾需水,还能增加麦田株间空气湿度,降低株间温度,改善农田小气候条件,从而降低干热风的危害程度,这是当前防御干热风最快、最有效的措施。

(2)化学防治措施。在小麦生长中后期叶面喷施化学制剂,也是经济、有效的防御干热风的方法。在孕穗至扬花期间,干热风出现前、出现中或出现后及时喷洒浓度为0.2%～0.4%的磷酸二氢钾稀释液、石油助长剂等活性物质或喷洒硫酸钠等化学制剂都能减轻干热风对小麦的危害程度。

(3)农业综合防治措施。首先要建立农田防护林带,达到农田林网化,可减小风速,降低温度,提高相对湿度,减少地面蒸发量,提高土壤含水量,可显著减轻干热风的危害;其次要加强农田基本建设,改良和培肥土壤,提高麦田保水、供水能力。

(4)栽培防御措施。①选用早熟、丰产、耐干热风、抗逆性强的小麦品种;②调整作物布局,适时播种,尽量减少晚茬麦,争取使小麦尽早进入蜡熟期和黄熟期,以避免或减轻干热风的危害;③建立合理的群体结构,培育壮苗,提高小麦抗干热风能力;④因地制宜浇好小麦孕穗水,防止灌浆期干旱,可有效减轻干热风危害程度。

61. 小麦高温逼熟灾害发生的农业气象条件及危害情况如何

高温逼熟发生的农业气象条件:根据小麦生长发育的生物学特性,小麦灌浆期的适宜温度为20~23℃,高于25℃则不利于小麦灌浆,高于28℃就会引起植株蒸腾强度大增,水分入不敷出,易引起小麦叶片气孔关闭、呼吸能力降低、光合作用受抑,加速叶片干枯。当温度高于30℃至32~34℃时,则严重影响灌浆,易造成麦粒瘪缩,逼使小麦早熟,造成减产,称为高温逼熟。如果此时再发生降水或灌水,在高温高湿条件下,小麦根系吸收能力迅速减弱(发生沤根)使得小麦更快地青枯死亡,称为高温高湿逼熟。

高温逼熟受害症状:根据气温和相对湿度高低分为高温高湿型和高温低湿型两种受害症状。

(1)高温高湿型受害症状。在小麦灌浆阶段连续降水或一次降水较多,使土壤水分达到饱和或过饱和,造成土壤通气性差,氧气不足,植株根系活力衰退,吸收能力减弱,此时若出现30℃以上的高温,植株蒸腾强烈,根系吸收的水分供不应求,出现茎叶青枯(称雨后青枯)、麦芒灰白、子粒干秕、粒重降低,严重影响产量和品质。

(2)高温低湿型受害症状。在小麦灌浆阶段连续出现2天或2天以上超过28℃的高温,而下午14时的空气相对湿度低于30%时,小麦叶片将出现萎蔫或卷曲,茎秆变成灰绿色或灰白色,麦穗失水变成灰白色,小麦灌浆受阻,造成千粒重和产量降低。

62. 小麦湿（渍）涝灾害发生在哪些地区，影响灾情的主要因素有哪些

在我国长江中下游及其他南方麦区,如湖北、安徽、江苏、河南等省中南部地区,在小麦生长后期也会经常发生小麦湿(渍)涝灾害,造成小麦减产。影响小麦后期湿(渍)涝灾害程度的主要因素有：

（1）小麦品种基因类型影响。不同基因类型的小麦品种其耐(抗)湿(渍)涝灾害的能力有很大差异,一般耐(抗)湿(渍)涝灾害能力强的小麦品种有较强的根系活力、光合能力及有机物合成能力,受害时能保持一定的气孔开张度,湿(渍)涝灾害解除后对上述性能有较好的恢复能力,受害较轻。

（2）生育阶段影响。小麦不同生育阶段耐湿(渍)涝灾害的能力显著不同,如孕穗期(拔节后 15 天至抽穗期)是小麦耐湿(渍)涝灾害能力最差、受害减产最重的临界期；其次是开花期和灌浆期,主要是受害后小麦根系活力衰退或丧失,使小麦生长发育受阻,造成小麦早衰、病虫草害加剧,小麦植株体内矿质、有机质营养的生产和转运失调,严重影响小麦子粒形成、灌浆和成熟,降低小麦产量和品质。

（3）温度影响。温度升高使氧气在水中的溶解度降低,而土壤微生物和小麦的呼吸耗氧量随温度升高而增加,因此湿(渍)涝灾害程度加重,减产更大。据报道,小麦抽穗期遇湿(渍)涝灾害,当平均水温分别为 19.2,21 和 22 ℃时,其水中含氧量则分别为 9.23,8.9 和 8.73 mg/L。

（4）地下水位影响。地下水位过高易形成或加重湿(渍)

涝灾害，但过低易引起旱灾。据江苏省多点多年的试验结果，返青至拔节期间地下水位以1~1.2 m为宜。

(5)土壤影响。小麦湿(渍)涝灾害程度与土壤质地、结构、有机质含量、矿物质组成、pH值有关。肥沃、结构良好、有机质含量高的土壤，可有效提高小麦耐湿(渍)涝灾害能力，使得小麦受湿(渍)涝灾害程度轻。

63. 有效防治小麦湿（渍）涝灾害的技术措施有哪些

(1)建立良好的麦田排水系统。我国南方麦区流传有"小麦收不收，重在一套沟"的说法。麦田内外排水沟渠要配套，田内采用明沟与暗沟(或暗管、暗洞)相结合，前者排除地面水，后者降低地下水位。出水沟由内而外逐级加深，做到沟沟相通、雨停田干。

(2)选育和选用抗(耐)湿(渍)涝灾害的品种。不同品种、不同生育阶段的小麦抗(耐)湿(渍)涝灾害的能力是不同的。已经筛选出的农林46、pato、水里占等品种在孕穗期间的抗(耐)湿(渍)涝灾害能力很强，适于在小麦湿(渍)涝灾害较重的地区种植。

(3)采用合适的耕作措施，提高小麦抗(耐)湿(渍)涝灾害能力。包括：①改良耕作制度，避免水旱田交错种植，实行小麦连片种植；②加深耕层，消除犁底层，增加土壤蓄水能力；③增施有机肥料，改良土壤结构，增加土壤通透性，培育壮苗，提高小麦植株抗逆性能；④建立合理群体结构，协调群体与个体关系，提高小麦群体和个体质量等。

(4)合理施肥。在施足基肥(有机肥和磷、钾肥)的前提下,当发生湿(渍)涝灾害时,应及时追施速效氮肥,以延长绿叶面积持续期,增加叶片光合速率,减轻湿(渍)涝灾害损失。

(5)喷施生长调节剂。在小麦遭受湿(渍)涝灾害时,小麦体内会产生乙烯和 ABA 等有害物质,使小麦加剧衰老,受害加重。此时适当喷施 6-BAepi-BR 等生长调节剂,可延缓小麦衰老进程,减轻湿(渍)涝灾害损失。

64. 小麦生育后期防旱抗旱技术措施有哪些

在我国北方及黄淮等小麦主产区,由于小麦后期需水量剧增但降水量很少,经常出现干旱。抽穗至成熟期耗水量约占全生育期总耗水量的三分之一以上,每公顷耗水量约 1 850 m^3(即每亩耗水约 120 m^3)。如果这段时期缺水将直接影响穗粒重和千粒重,对产量影响很大。应在开花后 15 天左右(即灌浆高峰前)及时浇好灌浆水,这是积极抗旱防旱、保证小麦需水的有效技术措施。应当千方百计挖掘、利用一切水源(包括引用江、河、湖、库、井等水源灌溉,以及人工增雨)。同时注意挑选当日及灌后 1~2 天无大风、降水的天气灌水,并掌握好灌水量。一般灌水要求 1 m 土层土壤含水量达到田间持水量的 95%,切记不要达到饱和或田间积水,以防倒伏。

65. 如何确定小麦的成熟期和适宜收获期

小麦成熟期的界定:小麦的成熟程度可分为乳熟、蜡熟和完熟(黄熟)几个阶段。

乳熟期的具体特征为:茎叶由绿逐渐变为黄绿,子粒有乳汁状内含物。乳熟末期子粒的体积与鲜重都达到最大值,粒色转淡黄,腹沟呈绿色,子粒含水率为45%~50%,茎秆含水率为65%~75%。

蜡熟期的具体特征为:子粒的内含物呈蜡状,硬度由软变硬,蜡熟末期叶片自下而上逐渐变黄变干,茎秆仍有弹性,子粒由淡黄色变黄色,硬度更大,子粒含水率由30%~35%减少到20%~25%,茎秆含水率由40%~60%减少至30%~50%。

完熟(黄熟)期的具体特征为:叶片全部枯黄,子粒完全变硬,呈品种本色,子粒含水率在20%以下,茎秆含水率为20%~30%。

小麦的适宜收获期: 小麦适宜的收获期是在蜡熟末期到完熟(黄熟)期。适期收获的小麦产量高、品质好、耐储藏、发芽率高。过早收获,子粒不饱满,影响产量和品质,也不耐储藏,发芽率低。过晚收获,因子粒的呼吸作用而使子粒的蛋白质含量降低、碳水化合物减少,造成千粒重、容重、出粉率降低,在田间易落粒,遇风雨易在穗上发芽、折秆、掉穗、落粒,特别是收获前遭遇冰雹灾害,可能会造成颗粒无收,所以及时抢收成熟的小麦有"虎口夺粮"的比喻。

如果采用人工收割和机械分段收获,宜在蜡熟中期开始收获;用联合收割机宜在蜡熟末期至黄熟期收获;留种麦田应在完熟(黄熟)期收获;如遇雨季迫近、风雹将临,或急于抢种下茬作物和易落粒品种等特殊情况时,还应权衡利弊,及时调整收获期以保证产量。

全国各地小麦常年收获期: 由于农业气候条件、生育期等条件的不同,我国自南向北小麦收麦期逐渐推迟。各小麦产区常年小麦收获期见表1。

表1 我国各小麦产区常年小麦收获期

品种	气候生态区域	收获期	备注
冬小麦	华南冬麦区	4月上旬—5月中旬	正常气候条件下
冬小麦	西南冬麦区	4月下旬—6月上旬	正常气候条件下
冬小麦	长江中下游冬麦区	5月中旬—6月上旬	正常气候条件下
冬小麦	黄淮冬麦区	5月下旬—6月中旬	正常气候条件下
冬小麦	北部冬麦区	6月中旬—7月中旬	正常气候条件下
冬小麦	新疆冬麦区	6月下旬—7月下旬	正常气候条件下
春小麦	北方及西北春麦区	7月中旬—8月中旬	正常气候条件下
春小麦	东北春麦区	7月中旬—9月上旬	正常气候条件下
春小麦	北疆春麦区	8月上旬	正常气候条件下
春小麦	南疆春麦区	7月中旬	正常气候条件下
春小麦	青藏高原春麦区	8月下旬	正常气候条件下

但是,由于每年的天气、农业气候条件是不同的,所以每年的小麦成熟期和收获期也是不同的。为了比较准确地掌握每年小麦的成熟期和收获期,就需要每年由专业农业气象部门在小麦成熟之前及时做出并发布当年、当地小麦成熟期和适宜收获期的农业气象预报。

66. 小麦清选和入库的标准是什么

清选和入库的标准要求:小麦收获后,由于其中杂质多、含水量高(20%~25%),容易发生出汗、发热、霉烂变质等现象,必须经过清选、干燥或晾晒才能入库储藏。小麦子粒安全入库的标准湿度条件为含水量不超过12.5%,杂质不超过1%。

清选的条件和技术方法：小麦子粒清选的目的是清除杂质，一般采用气流、筛床、重力、振动等不同类型的清选机清选。种用的可用种子清选机，一般农户可用风车、木锨进行抛扬清选。

67. 小麦子粒干燥的技术方法有哪些

小麦子粒干燥的目的是使子粒达到适宜储藏的含水量要求，干燥方法有：

(1)晴天烈日晒场晾晒法。该方法被农户广泛采用，每天可使子粒含水量减少 1%～3%。此方法比较简单，费用低，但费时较长，当遇到阴雨天气时就必须采取人工干燥法。

(2)人工干燥方法。分为高温快速干燥、高温缓速干燥、低温慢速干燥、高低温组合干燥四种方法。

①高温快速干燥：使干燥介质的温度等于或高于被干燥物所允许的温度（塔式干燥机为 90 ℃左右、喷泉干燥机为 200 ℃以上）。特点是干燥速度快、生产率高，但耗能多、不易保证质量。

②高温缓速干燥：将高温干燥过的麦粒送入缓速仓缓速干燥 3 小时以上，当子粒含水量降到 15%左右时再进行通风冷却。特点是设备简单、操作方便、耗能低、又能保证质量。

③低温慢速干燥：要求干燥介质温度比当时气温高 5 ℃左右，属储粮为主、烘干为辅的批量式工艺。特点是耗能低、烘干质量高，但速度慢，仅适合农村小规模粮食干燥。

④高低温组合干燥：利用高温干燥工艺使麦粒快速升温，待子粒水分降到 17%左右后不进行通风冷却，而直接送入低温干燥仓内进行干燥。特点是耗能低，又能保证质量。

通常人工干燥采用的设备有塔式干燥机、循环式干燥机、低温通风分批式干燥机、圆筒形干燥机和流化干燥机等。

68. 小麦仓储的小气候条件和技术方法是什么

小麦是一种耐储粮食,只要及时干燥去水,安全度过后熟期,做好虫霉防治,控制好子粒自身水分和仓内温度、湿度、空气成分等小气候条件,一般可储藏 4～5 年或更长时间。主要储藏技术方法有:

小麦热入仓密闭储藏法:

(1)理论依据:小麦子粒具有一定的耐高温特性,具有较强的抗温变能力,在一定的高温或低温范围内,不会丧失生命力,也不会使面粉品质变坏,这种特性为小麦高温密闭储藏提供了依据。

(2)原理:减少仓内氧气,控制种子及有害生物的呼吸。当仓内氧气含量降低到粒间空气浓度的 2% 左右时,储粮中的多数害虫将被杀死。

(3)方法:选择烈日天气,将小麦薄层摊晒,当麦温达到 50～52 ℃时,继续保持 2 小时,待子粒水分降到 12% 以下时,将小麦聚堆后入仓,趁热密闭,并用隔热材料覆盖粮面,注意覆盖物要达到平、紧、密、实的要求。目前应用较广的是用塑料薄膜覆盖密闭,可选用厚度为 0.18～0.2 mm 的聚氯乙烯或聚乙烯薄膜,采用一层或多层封盖。在封盖之前,应安装好测量温、湿度的线路,便于测量粮堆内各部位的温、湿度变化。在隔热良好的条件下,该方法可使粮食保持高温数日,约经过 2 个月左右的时间,使仓温逐渐降至常温水平,转入正常管理。

小麦热入仓密闭储藏是一种利用高温杀虫的储存方法,主要优点是:①简单易行,费用低,既适用于大粮库,也适用于农户储藏。②杀虫效果好,麦温在44～47 ℃时可杀死全部害虫。子粒含水量在12.5%以下,麦堆温度在42 ℃以上,维持10天左右,其杀虫(包括蛹和卵)效果可达100%。③可促进后熟,提高发芽率。④能改善小麦品质,使得出粉率和面筋含量增加。⑤因不用农药杀虫,可防止粮食污染等。由于优点比较突出,目前我国粮库和农户多采用此种方法储藏小麦。

低温储藏(或冷藏)法:

(1)优点:低温储藏是使小麦在储藏中保持一定的低温水平,从而达到安全储藏的目的。低温储藏有利于延长种子寿命,更好地保持小麦的品质,控制害虫和微生物在麦堆中的繁殖生长。实验证明,冷藏温度在-5～-7 ℃时,完全能保障小麦安全无损。子粒含水量不超过18%,在-15 ℃的低温下储藏半年仍不影响小麦子粒发芽率;水分含量约为11.9%时,在4 ℃下储藏16年,子粒品质仍然良好,发芽率为96%,面粉加工品质基本正常。

(2)方法:低温储藏方法大致分为机械制冷、机械通风、空调低温、自然低温四类。我国低温储藏多以自然低温为主,即利用冬季严寒进行翻仓、除杂、通风冷冻,从而降低粮温。将粮温降至0 ℃左右,可消灭越冬害虫、降低子粒呼吸作用、减少养分消耗。在新麦入仓前的1～2年,交替进行高温与低温密闭储藏是最适合农户储藏小麦的一种方法。低温密闭的粮堆,要严防温暖空气的侵入,以防粮面结露,造成危害。还要注意防治霉菌和谷象虫害,因为粮食含水量超过15%时易生霉,而谷象虫能在0 ℃以下存活2个多月。

气调储藏法：

气调储藏是利用自然密封造成缺氧进行储藏的方法。该方法成本低、简单易行、效果好。一般粮堆氧气浓度降到2%以下或二氧化碳浓度增加到4%时，霉菌受到抑制，害虫很快死亡，并且粮食呼吸强度显著降低。

"三低"储藏法：

"三低"储藏法是指低温、低氧、低药量的储藏方法，是我国科研人员经过10多年的研究探索出来的一种综合控制粮堆生态系统的先进的储藏方法。其原理是人工创造一种保障储粮安全、不利病虫生存的"三低"的粮仓小气候环境。

低温储藏能够抑制小麦子粒的呼吸，延缓老化。低温方法具体分为：①利用寒冬自然低温密闭（用隔热材料、双层塑膜等密闭）储藏；②地下仓低温储藏。

低氧储藏的形式有真空、充氮、充二氧化碳和自然缺氧储藏等。自然缺氧方法较简单，应用广泛，具体为：在新麦干燥后，结合热入仓密闭，尽快用塑料薄膜封盖压严，短期内氧气含量可降至2%以下，二氧化碳含量升至4%以上，此条件下即可达到理想的杀虫、灭菌效果。

低药量储藏是利用药物进行低剂量、低浓度、长时间的熏蒸，有良好的杀虫效果。一般要杀灭5 000 kg小麦的成虫和幼虫时，需要用浓度为0.141 9～0.283 8 mg/L的磷化铝3～6 g；对卵和蛹则需要用浓度为0.244 3～0.488 6 mg/L的磷化铝5～10 g，并且可采用延长熏蒸期或间歇熏蒸法来实现良好的杀虫效果。低剂量熏蒸的密闭时间一般不少于20天，延长密闭时间可提高杀虫效果。

土法储藏：

该方法主要是在储量少、分散、储藏条件差的地方使用，是采用植物杀虫或驱虫方法达到安全储藏。具体操作方法为:可将花椒包放入储粮器中,达到防虫害的目的;或将大蒜 0.5 kg 埋入 500 kg 粮堆中防玉米象和大谷盗害虫;也可将艾叶、花椒叶放入粮堆内防害虫。土法防虫均需用塑料薄膜严格密封粮堆,才能达到安全储藏的效果。

参 考 文 献

国家气象局. 1993. 农业气象观测规范. 北京:气象出版社.

韩湘玲. 1999. 农业气候学. 太原:山西科技出版社.

郝云理,等. 1995. 麦棉两熟高产优质开发研究汇编. 北京:气象出版社.

姜会飞,等. 2008. 农业气象学. 北京:科学出版社.

马秀玲,刁瑛元,吴中玲. 1996. 农业气象学(第二版). 北京:中国农业科技出版社.

气候变化与作物产量课题组. 1992. 气候变化与作物产量. 北京:中国农业科技出版社.

山东省气象学会农业气象委员会. 1993. 农业气象适用技术. 北京:气象出版社.

叶修祺,荆淑民,李存善,等. 1990. 鲁西南立体种植模式的筛选. 山东农业科学,(3):31-32.

尹钧. 2008. 小麦标准化生产技术. 北京:金盾出版社.

余松烈. 2006. 中国小麦栽培理论与实践. 上海:上海科学技术出版社.

赵广才. 2008. 优质专用小麦生产关键技术百问百答(第二版). 北京:中国农业出版社.

IPCC. 2007. Climate Change 2007: Synthesis Report.

附录

附表 1　我国可供选用的"冬性"或"强冬性"高产、优质小麦良种

良种名称	生态型，特性，品质	成熟性，适播期	产量水平（kg/亩）	适宜种植生态区域
济麦 19	冬性，感锈、抗粉，中筋	中熟，10月1—5日	550～600	山东、河北中南部、河南北部及山西南部
济南 17	冬性，白粒、抗倒，强筋	中熟，10月1—10日	约 530	黄淮冬麦区
烟农 19	冬性，白粒、感白，强筋	中熟，10月1—10日	550～600	山东、江苏、安徽等省
京冬 8 号	冬性，红粒、感白，强筋	中早熟，10月1—10日	540～600	北京、天津、河北北部及山西东南部
中优 9507	冬性，抗锈、抗倒，强筋	中熟，10月1—10日	约 400	北京、天津、河北等省（市）
轮选 987	冬性	中晚熟，10月1—10日	约 450	北京、天津及河北和山西中北部
北农 4594	冬性，抗锈、抗倒，强筋	中晚熟，10月1—10日	约 450	北京、天津、河北、河南北部及山西中部
临优 145	冬性，抗锈、抗倒，强筋	中早熟，10月1—10日	约 400	山西南部
京冬 12 号	冬性，抗锈、抗倒，中筋	中熟，10月1—10日	约 430	北京、天津及河北和山西中北部
新冬 22 号	冬性，中筋	早熟，9月20日左右	约 534	新疆北部
藏冬 20 号	强冬性，中筋	晚熟，10月上旬	约 500	川藏高原

附表2 可供选用的"半冬性"高产、优质小麦良种

良种名称	特性,品质	成熟性,适播期	产量水平(kg/亩)	适宜种植生态区域
豫麦70号	抗倒、抗病、抗干热风,强筋	中早熟,10月8—20日	约570	黄淮冬麦区中南部
豫麦66号	抗倒、抗病、抗干热风,强筋	中熟,10月5—15日	约550	河南中北部、江苏、安徽北部、陕西关中
周麦18	抗倒、抗病、抗干热风,中筋	中熟,10月9—25日	560~600	河南中北部、江苏、安徽北部、山东西部
豫麦49号	抗倒、抗病、抗干热风,强筋	中熟,10月3—13日	约550	河南中北部、江苏、安徽北部、山东西南部
新麦13	抗倒、抗病、抗干热风,强筋	中晚熟,10月5—15日	约547	河南、山东西部、江苏、安徽北部、陕西关中
济麦20	抗病、抗旱、抗干热风,强筋	中熟,10月3—13日	550~600	黄淮冬麦区
莱州95021	抗倒、抗病、抗旱,强筋	中熟,10月1—10日	约500	山东、江苏北部等
济麦22	抗倒、抗寒、抗病、抗旱、抗干热风,强筋	中熟,10月5—15日	580~727	黄淮冬麦区
泰山22	适性强、熟好,中强筋	中早熟,10月1—10日	550~600	山东、河北中南部、河南北部、山西中南部
烟农21	适性强、熟好,中、强筋	中晚熟,9月下旬—10月上旬	约520	山东、河北南部、河南北部、山西和陕西南部
冀麦38	耐盐、抗病、抗旱,强筋	中早熟,10月1—15日	约480	黄淮冬麦区北片区
石家庄9号	耐盐、抗病、抗旱,强筋	中熟,10月1—10日	约460	黄淮冬麦区北片区

续表

良种名称	特性，品质	成熟性，适播期	产量水平（kg/亩）	适宜种植生态区域
石家庄8号	耐盐、抗病、抗寒、抗旱、中筋	中熟，10月1—10日	550~600	黄淮冬麦区北片区
皖麦52号	耐湿、抗病、耐寒、中筋	中晚熟，10月10—20日	550~600	河南中北部、江苏、安徽北部、山东西部
徐州25	抗倒、抗寒、抗病、中筋	中晚熟，10月1—15日	约500	河南中东部、江苏、安徽北部、山东西部
小偃22	抗旱、抗寒、抗病、中筋	中熟，10月5—15日	约480	河南中北部、江苏、安徽北部、陕西关中
淮麦20	耐湿、抗寒、抗病、中强筋	中熟，10月5—15日	约490	河南中北部、江苏北部、安徽北部
连麦2号	抗倒、抗寒、抗病、中筋	中熟，10月5—15日	约510	江苏和安徽北部、河南中部
新麦18	抗旱、抗寒、抗病、中筋	中晚熟，10月5—15日	550~600	河南、江苏、安徽北部、陕西关中、山东西部
皖麦38号	耐湿、抗病、耐寒、中筋	中早熟，10月5—20日	约450	山西中部、陕西北部、宁夏南部、甘肃南部
西农979	抗旱、抗寒、抗病、强筋	早熟，10月5—20日	约480	河南中北部、江苏、安徽北部、陕西关中
晋太170	熟好、抗病、抗旱、强筋	中早熟，10月1—10日	约340	山西中部、陕西北部、宁夏南部、甘肃南部
藁优9409	抗倒、抗寒、熟好、强筋	中晚熟，10月5—15日	约480	河北中南部

附表3　我国可供选用的"弱春性"高产、优质小麦良种

良种名称	特性，品质	成熟性，适播期	产量水平（kg/亩）	适宜种植生态区域
豫农949	抗寒、抗病、抗干热风、中筋	中熟，10月10—25日	约550	河南、山东西部、江苏、安徽北部、陕西关中
郑农16	抗病，强筋	中熟，10月15—30日	约450	河南、山东西部、江苏、安徽北部、陕西关中
秦农142	抗寒、抗病、中筋	中早熟，10月15—25日	约490	河南、山东西部、江苏、安徽北部、陕西关中
皖麦48号	抗旱、抗高温、弱筋	中熟，10月15—30日	约500	河南中南部、江苏北部、安徽北部
徐麦29	抗病、抗倒、耐盐、中筋	中熟，10月10—30日	约500	河南中北部、江苏、安徽北部、山东西部
高原205	抗病、抗倒、耐寒、强筋	中熟，3月15—20日	约450	青海川水柴达木、甘肃中部
郑麦9023	抗病、耐湿、强筋	早熟，10月15—25日	约500	长江中下游麦区、陕西关中
豫麦50号	抗病、耐湿、弱筋	中早熟，10月15—25日	约350	河南中部、江苏北部、安徽北部、淮南
豫麦63号	抗病、抗倒、耐寒、弱筋	早熟，10月15—30日	约470	河南中南部、江苏北部、安徽北部
绵农30	抗病、抗倒、耐寒、弱筋	中早熟，10月20—30日	约400	长江上游地区
鄂麦12	抗病、抗倒、耐寒、弱筋	中早熟，10月10—30日	约380	湖北、江苏、浙江

附表4　我国可供选用的"春性"高产、优质小麦良种

良种名称	特性，品质	成熟性，适播期	产量水平（kg/亩）	适宜种植生态区域
高原314	抗倒、耐寒、抗青枯、中筋	中早熟，3月5日—4月5日	520～600	青海、甘肃、宁夏的部分地区
宁春33	耐旱、抗倒、强筋	中熟，2月下旬—3月中旬	约480	宁夏部分地区
川农19	抗病，中筋	中熟，11月上中旬	约360	长江上游麦区

续表

良种名称	特性，品质	成熟性，适播期	产量水平（kg/亩）	适宜种植生态区域
川麦 39	抗病,强筋	中熟，10月下—11月上旬	约 330	长江上游麦区
川麦 42	抗病、抗寒,中筋	中早熟，10月下旬—11月上旬	约 400	长江上游麦区
鄂麦 15	抗病,中筋	中熟，10月中旬—下旬	约 350	湖北地区
扬麦 15	抗倒、抗寒,弱筋	中熟，10月下旬—11月上旬	约 350	安徽、江苏、湖北、河南南部
辽春 17	抗病,强筋	早中熟，4月上旬	约 300	东北春麦区
四春 1 号	抗病,强筋	晚熟，4月上中旬	约 270	东北春麦区
龙辐麦 14	耐旱、抗倒、耐湿,中筋	晚熟，4月上中旬	约 290	东北春麦区
巴优 1 号	耐旱,强筋	中熟，3月中旬	约 410	西北春麦区
新春 12	抗病,中筋	早熟，3月下旬—4月上旬	约 440	北疆春麦区
新春 21	抗病、抗干热风,强筋	中早熟，3月中下旬	约 460	北疆春麦区
甘春 20	耐旱、抗病,强筋	中早熟，3月中下旬	约 460	甘肃、内蒙古等省（自治区）
永良 15	抗病、抗干热风、抗倒,中筋	中熟，2月下旬—3月中旬	550～600	宁夏、内蒙古、甘肃、新疆
蒙优 1 号	耐寒、耐热、抗青枯,中筋	中熟，3月中下旬	约 440	内蒙古、甘肃
冰麦 32	耐寒,强筋	早熟，3月下旬—4月上旬	约 450	吉林省中北部
宁春 42	耐旱、抗倒、抗病,强筋	中早熟，2月下旬—3月中旬	约 520	宁夏、内蒙古部分地区